U0112095

华章科技 | HZBOOKS | Science & Technology

构建实时机器学习系统

彭河森 汪涵◎著

机械工业出版社
China Machine Press

图书在版编目（CIP）数据

构建实时机器学习系统/彭河森，汪涵著．—北京：机械工业出版社，2017.8

ISBN 978-7-111-57557-3

I.构…　II.①彭…　②汪…　III.机器学习－系统设计　IV. TP181

中国版本图书馆 CIP 数据核字（2017）第 183687 号

构建实时机器学习系统

出版发行：机械工业出版社（北京市西城区百万庄大街 22 号　邮政编码：100037）

责任编辑：张梦玲　　杨绣国　　　　　　　　　责任校对：李秋荣

印　　刷：北京市荣盛彩色印刷有限公司　　　版　　次：2017 年 8 月第 1 版第 1 次印刷

开　　本：186mm×240mm　1/16　　　　　　印　　张：11.25

书　　号：ISBN 978-7-111-57557-3　　　　　定　　价：59.00 元

机器学习从业人员的艰难选择

作为机器学习从业人员，如果今天突然被公司或学校开除，你能养活自己吗？邻居老大妈买土鸡蛋不买神经网络模型，东门老大爷认识郭德纲不认识朴素贝叶斯，面容姣好的"翠花"只认房产证不认 Zookeeper。即使你身怀绝技，有着远大的抱负，机器学习应用难以变现也是事实。为了能维持生计，众多机器学习从业人员只能进入大公司、大组织。但限于流程和已有的体制，在这样的工作环境下，他们很难完全发挥自己的潜能。

太多的好朋友，在脱离体制和大公司的时候豪情万丈，吃散伙饭时和战友们慷慨激昂，唱着真心英雄，梦想着自己也有回到北京东二环开始指点江山的一天。可是第二天带着宿醉起床面对着电脑屏幕时，却不知道该怎么开始。没错，我们都有自己的想法，我们自己就是程序员，比那些在创业街上卖 PPT 的人"厉害"多了。可是在工业界，不管是初入职场的新人，还是久经沙场的老将，都需要在业余时间不停地刷题，练习"LeetCode"[⊖]中的习题，以应对不时之需。这样的生存方式严重阻碍了知识经济的发展，更不要提为祖国健康工作五十年了。与大组织、巨无霸企业不同的是，自主创业往往需要开发人员全栈的技术能力。大公司里面的技术能手在独立创业的时候也不免会遇到下面这些很基本的问题：

❑ 服务器从哪里来？

❑ 以前单位、导师手里有一套自主开发的大数据平台，现在自己单干了没法用，怎么办？

❑ 以前用的机器学习软件包是某个"牛人"自己开发的"独门武功"，只在公司内部用，现在该用什么？

⊖ 北美众多巨无霸型互联网公司的面试内容类似于科举八股文，所用题目被众多从业人员总结成为一个名为 LeetCode 的网站，是面试求职人员的必看网站。

- ❏ 模型训练出来了，又怎么部署？
- ❏ 总算东拼西凑写好了一个流程，接下来如何实现数据可视化？
- ❏ 总算有客户开始用了，怎么样才能对结果实时监控？

这个时候你才会想起马云的那句话："离开公司了你什么都不是"。还是回大公司吧，至少比较安稳……

总结起来，机器学习从业人员的难处有三点。

- ❏ 技能无法直接转化为经济效益：必须依靠大组织、公司，才能实现经济效益的转化。这必然要求从业人员服从诸多的条款和价值观，这对他们工作效率和积极性来说都是沉重的负担。
- ❏ 迭代速度受牵制：虽然开源社区拥有众多非常优秀的工具，但大公司、大组织往往都有众多历史遗留架构，这使得开发部署过程变得异常漫长。与此同时，从业人员也会觉得所学的知识将来无法为自己所用，因此感到空虚。
- ❏ 出成果压力大：高投入就需要有高回报。机器学习从业人员薪资非常高，因此公司对从业人员进行新架构、新项目开发的耐心往往也非常有限。就算是从公司利益出发，进行架构、代码的革新，从业人员往往也会担上不少风险。如果不能在短时间内实现架构，或者新训练的模型不能达到预期目标，从业人员的工作稳定性将会得不到保证。

老板、管理人员的困境

机器学习从业人员有自己的困难，公司的老总、经理也有伤脑筋的事情。2015 年 KDNuggets 调查数据显示，工业界超过半数的数据科学家在一个职位上的工作时间一般都少于两年。另外美国旧金山湾区的机器学习科学家在一个职位上平均只会停留 8 个月。这么高的跳槽频率让众多雇主也提心吊胆。根据笔者的经验，机器学习从业人员，从入职到真正开始产生正现金流，至少需要 9 个月左右的时间。太短的工作年限对于很多雇主来说远远不足以收回成本。

有的公司财力雄厚，高薪聘请了拥有谷歌工作经验的斯坦福大学博士，但这名博士入职三个月，文章发表了四篇，会开了五场，可是机器学习模型拿到实际工作环境中的效果却不理想，无法上线。结果令人沮丧。

资金实力不太充裕的初创公司就更难了。本身财力有限，招人靠情怀来对冲。好不容易找到了志同道合的人，开口就问人家要 GPU 集群，而现成的机器学习框架中 TensorFlow 太慢，PaddlePaddle 太差，往往有一些以技术为主打的初创公司，专心于核心软件开发，而速度太慢，结果还没开始上线产生效益，当时所在的初创公司就已经烧断了现金流。

另一方面，老板从来不敢对机器学习从业人员过分施压。因为若施压太大，再加上现在市场对机器学习专家的需求旺盛，机器学习员工都是一言不合就跳槽。施压太小，机器学习员工就会开始面向简历的开发模式，一会儿去欧洲开会，一会儿开源个深度学习框架，就是不上线真正能赚钱的产品，这又怎能不让人着急？

总结起来，管理人员的难处有以下三点。

❑ **双重身份的矛盾**：机器学习开发人员到底算科学家还是算程序员？这是一个管理者需要面对的根本性问题。若把机器学习开发人员看成科学家，就要做好所有投资都打水漂的心理准备，投资回报率可能非常低；若把机器学习开发人员看成程序员，就要给其足够的自由度和福利，并且做好开发人员冗余，对员工突然离职的情况做好准备。

❑ **利益冲突的矛盾**：现在机器学习人员的流动性很高，公司需要出效益，而工作人员需要出好看的简历。在很多情况下，这两个需求是背道而驰的。本书后文会对各种机器学习架构进行综述，其中不乏员工为了充实简历而开发的"政绩工程"。通过对本书的学习，相信管理人员的眼睛也会擦亮不少。

❑ **和商业部门整合的矛盾**：机器学习科学家往往醉心于开发最复杂最尖端的模型，以取得机器学习理论上的最佳效果。可是很多机器学习模型的可解释度并不好，无法让业务部门对模型进行可视化解读。虽然机器学习工具众多，但是能将机器学习模型和可视化系统整合起来的程序却非常少。本书所描述的架构和可视化部分会对这个问题进行解答。

总的来说，企业求生求利的动力意味着开发人员必须短平快地出结果；机器学习模型效果的不确定性意味着管理人员必须拥抱不确定性；机器学习从业人员的高流动性意味着公司和组织必须采取灵活的开发流程和架构。

不写寻常书，不走寻常路

什么样的技术成长道路，才能让我们施展自己的才华，同时快乐地养活自己？什么样的职业发展模式，才能让我们真正掌握自己的命运，去改变世界，而不是为北京、上海、深圳高昂的房价发愁？什么样的架构设计，才能让我们的生活回到朝九晚五的正常模式，能够每天六点回家和家人吃晚餐，和心爱的人看星星看月亮？

起初机械工业出版社华章公司的杨绣国编辑联系到作者之一彭河森的时候，他是很犹豫的。市场上现在已经有了很多优秀的机器学习著作，怎么还需要我们再写一本呢？为了验证我们的观点，我们去豆瓣等网站进行了简单的市场调查，以"机器学习"为关键词搜索了已有书评。

搜索的结果既是意料之中又让我们大为吃惊。意料之中的是现在市面上已经存在很多优秀的机器学习相关图书，对机器学习模型的支撑涵盖了从基本逻辑回归到最前沿的深度学习的所有内容。大为吃惊的则有如下两个方面。

- ❏ 读者胃口很挑：没错，说你呢。我们发现众多机器学习图书都被打上了"太广、深度不够"的标签。这让我们感觉到压力巨大，害怕我们的这本书也会打上类似的标签。
- ❏ 理论太多、应用太少：我们发现市面上的书籍大多都是以理论为主，再搭配相应的编程工具。对部署、系统架构设计、后期可视化等重要工作根本没有提及。而我们预计读者大多是在校学生，或者是初入职场的机器学习从业人员，他们这个时候最需要的大概不是天花乱坠的理论，而是能切切实实地实现机器学习模型功能的指导。

有了这样的认识之后，我们决定从应用和架构的角度着手，来写作本书，并设立了如下的目标。

1. 以机器学习全栈应用能力为目标

"如果明天你就要被微软开除，那么今天你希望学到些什么？"我们在撰写这本书的时候一直以这样的精神来激励自己。微软每年 7 月到 9 月都会有裁员措施，但这也在不停地提醒笔者要抓紧时间好好写书，贴近应用，这样才能在不幸被裁员的时候养活自己。这样的精神一直贯穿了全书：本书所有的章节都配备了实际使用的案例分析，我们的案例分析不只是针对当前章节所学知识的练习，也涉及实际应用中可能会遇到的"大坑"，以及相应的解决办法。

我们力图通过 Docker 等部署工具的介绍，帮助读者快速掌握机器学习模型的产业化进程。不管你是就职于大公司，还是自己创业，我们都希望本书的内容能够让你快速上线满意的机器学习系统，离你的梦想更近一点。

世界在改变，机器学习也在不停地改变。对于机器学习中的很多重要成员，如建模工具、分布式队列等，本书都会对其来龙去脉和发展趋势进行综述。希望通过这样的讨论，能够让读者建立起对机器学习发展局势的判断，在未来的成长中也能独占鳌头。

2. 抓住机器学习主干，远离学院派

现今 Scikit-learn 等软件已经包含了大量的机器学习模块，其使用方法已经标准化，所以我们不准备在机器学习模型上耗费太多笔墨。例如，在 Scikit-learn 的线性模型模块 LinearRegression 中，训练模型会调用 fit() 函数，进行预测会调用 predict() 函数。与此同时，

Scikit-learn 中的随机森林模块 RandomForest 同样是调用以上两个函数进行模型的训练和预测的。接口的统一化帮助了开发人员进行模块化开发。如果出现了新的机器学习模型，则只需要替换一下模型训练模块即可。

另外鉴于现如今网上丰富的机器学习理论资源，我们认为现今的读者完全有能力对特定的机器学习模型进行自学。本书会以线性模型为例对 Scikit-learn 的使用进行讲解，有需要对其他机器学习模块进行学习的读者，也可以很容易地将线性模型模块替换成为其他的模块。

3. 能读的代码，能运行的例子

"好多技术类书籍我看着看着就晕了，代码根本没法读"，我们向众多好友征询意见的时候收到了这样的反馈。为了增加本书案例的可读性，我们力求避免代码的大段堆砌。所有案例的代码模块都力求在 20 行以下。

"好多书的例子都没办法编译"，我们写这本书的时候也听到了不少朋友的"吐槽"。我们认为能正常运行起来的例子是良好学习体验的关键。为此，本书的所有例子都通过多次可用性测试，并且使用 Docker 运行，大大降低了重复利用的门槛。同时我们将源代码寄存在 Github 上面，随时进行更新排错，我们也欢迎读者在上面添加 Pull Request，完善新内容，与我们进行交流。

4. 实时股票交易、金融舆情分析实例数据

有很多 IT 界的朋友经常在工作累了的时候说："实在不行我就转行去做金融了，"但是行动起来去做金融的人却甚少。既然在机器学习从业人员的眼中金融行业就像乌托邦那般美妙，那么为什么不进去看一看自己是否合适呢？

另外，也有一些具有金融背景的友人，他们急切地想要利用机器学习方法来实现自动化交易。每年都有无数高考状元、名校学子加入外资对冲基金，如果我们能够架设好一个实时交易投资的平台，没准人才就不会流失到华尔街去了，而能为国所用呢。

对此我们采用了美股交易秒级数据作为本书案例的数据。我们收集了 2015 年 8 月所有标准普尔 500 指数成分股每秒的报价和成交量。这里的数据主要是以时间序列形式出现，我们将会尝试搭建实时机器学习平台，对这些数据进行存储、加工分析和可视化，并且对未来若干秒的走势进行预测。如果一切顺利，我们可以从中得到 Alpha（量化交易中的可以长期盈利的策略），实现盈利。

在后面的章节中，我们会从数据分析出发，由浅到深地利用以上数据进行建模，且在本书结尾时实现对金融数据预测判断的功能。

本书的学习方法

重架构、重设计、重实战是本书撰写的指导思想。我们认为优秀的系统设计在于完备的思考和准备，因此本书对计算机编程和机器学习理论只有入门级的要求。

1. 基础知识要求

本书的两位笔者之中，彭河森是统计学出身，汪涵是应用数学出身。但最后都殊途同归地走上了机器学习应用的道路。对于计算机编程基础，本书的门槛为国内全日制大学本科非计算机专业理科第二年的水平。我们假设读者具有基本的 Python 编程能力，能在脚本执行和交互情况下运行 Python 程序。本书着重讲解架构设计，对面向对象编程、设计模式等课题没有任何要求。

对于机器学习理论基础，本书的门槛为国内全日制大学本科非计算机、统计、数学专业理科第二年的水平。本书假设读者具有基本的线性代数知识，对统计推断和机器学习模型有基本的了解。

2. 学习环境配置

本书假设读者采用了 Ubuntu 16.04 或 Mac 操作系统。新版 Windows10 在本书写作之时刚刚开始支持 Linux Shell，并且具有了 Ubuntu 内核的支持，由于时间关系我们没有来得及验证，请读者谨慎试验。另外由于我们将在本书中大量使用 Docker，所以相关软件将会以 Docker 镜像的形式存在。我们将在相应章节（第 6 章）中介绍 Docker 及其环境工具的安装和配置。本书对其他系统软件的安装并没有要求。

每个章节的实例内容都可以在 Github 官方网站上下载，地址为：https://github.com/real-time-machine-learning/。我们将每一个章节的内容都分成一个独立的 Git 存档，每个章节之间的程序不会相互关联，以方便读者选择性地阅读和实践。

3. 写作分工

本书大部分内容由彭河森、汪涵两人共同探讨、实践、总结并得出理论方向。汪涵完成了实战数据库综述章节（第 8 章）；其他所有章节均由彭河森完成。

这里我们向本书写作过程中参与讨论和建议的唐磊、陆昊威、高斌、汤宇清、孙宝臣、Luhui Hu、徐易等专家及友人表示感谢。特别感谢严老在本书编写过程中两次收留作者在家。

Contents 目　　录

第 3 部分　未来展望

第1部分 *Part 1*

实时机器学习方法论

实时机器学习综述

1.1 什么是机器学习

　　相信本书的读者都已经接触过一点机器学习了，或者听说过各种新奇的机器学习方法，或者通过相关新闻了解过机器学习的应用场景。那么，大家是否了解机器学习的定义呢？事实上，对它的定义层出不穷，不同领域的大咖往往都会有一个从自己角度出发的特别"机灵"的定义。比如，吴恩达（Andrew Ng）是深度学习的先驱者之一，他对机器学习的定义是从计算机从业者的角度出发的，他的定义是：

　　机器学习是一门科学，它旨在让计算机自主化工作，而不需要刻意编程。

　　而从统计和数据分析的角度出发，世界领先的统计软件公司 SAS 对机器学习的定义是：

　　机器学习是一种方法，它旨在用数据分析自动化模型的建立。

　　笔者个人从学术和工业界应用的角度出发，认为机器学习的定义应该包括以下三个方面。

- ❏ 用数据说话：在常规计算机编程中，所有的逻辑都是人为设定的。而机器学习方法是试图让观测到的数据和现象成为编撰逻辑的依据，不同模型之间的衡量标准也试图尽量达到标准化，以使得人为干预最小化。
- ❏ 高度自动化：机器学习模型往往会在工业应用中不断重复更新，所以机器学习建模生存期中的每个步骤往往都是可以高度自动化的。
- ❏ 鲁棒性：虽然教科书中很少提及，但鲁棒性（又称稳定性，Robustness）确实是机器学习方法论中隐含的一个巨大要求。由于模型建立高度自动化，因此我们需要运用的机器学习模型在面对极端数据的时候只会受到较少影响，不需要人为排错。

根据笔者的经验，以上三点是一个组织成功运用机器学习的必要条件，但是一定要以用户体验为出发点来进行均衡。

在工业应用中，上面这三点的重要性总是在不断得到印证。下面就通过两个应用中的有名案例来体会一下。

1. 谷歌通过机器学习和人工干预进行网页筛查

谷歌等搜索引擎公司每天需要处理上百万个新网页信息。为了向用户快速提供这些信息，谷歌多年来通过不懈的努力开发出了 Caffeine 平台，将提供实时新闻搜索结果的延迟从一天缩短到了若干分钟。机器学习数据驱动、高度自动化的特点让谷歌用户受益不少。就连微软在通过记者发布会宣布发行 Windows10 的时候，谷歌搜索引擎也比微软自有的必应搜索引擎更快地呈现了与 Windows10 相关的信息。同时为了满足鲁棒性的要求，谷歌通过第三方人工服务，不断进行人工抽样审查了大量的网页内容。

2. Yelp 机器学习模型的失败

Yelp 类似于国内的大众点评网，其内容多为用户生成，对餐馆、娱乐、家装等行业都有很全面的覆盖。由于大量商家的成败都取决于 Yelp，因此市场上出现了冒充消费者进行刷点的评论师。评论师会按照商家的要求对商户进行不公正的点评，从而对消费者产生误导。Yelp 意识到了这样的问题，并且建立了机器学习模型进行自动化侦测。但可能是建模数据出现了问题（比如，建模的时候使用了评论师的数据），因此生成的模型并没有阻挡评论师的进攻，真正的用户所产生的评论反而会被屏蔽掉，用户体验大打折扣。

通过这样的案例，我们可以意识到基本数据采集对机器学习模型的重要性。如果数据出现了问题，那么后面的模型、架构再强大也没有办法产生效益。

1.2 机器学习发展的前世今生

1.2.1 历史上机器学习无法调和的难题

早在 2011 年，笔者之一彭河森正在谷歌总部实习的时候，机器学习的应用还主要集中在几个互联网巨头手里。当时，机器学习的大规模应用存在以下三个方面的限制。

1. 运维工具欠缺

就拿灵活开发流程来说吧，早在 2011 年，谷歌、亚马逊等公司开发了内部自有的协同部署工具，而开源协同部署工具 Jenkins 才刚刚起步，不少公司对服务器集群的管理还停留在 rsync 和 ssh 脚本阶段。机器学习的应用往往需要多台服务器各司其职、协同作业，这也增加了机器学习开发、部署的难度。这也解释了为什么早期的机器学习软件包（如 Weka

等）都是单机版的，因为服务器配置真的是太麻烦了。

一个机器学习系统的上线运行，需要前端、后端多个组成部分协调工作。在缺乏运维工具的年代，这样的工作量会大得惊人。人力物力的超高成本投入，有限而且不确定的回报率，这些都让机器学习从业人员在实际应用中难以生存。另外一些机器学习专用工具（如Hadoop）在早年是很少有人懂得其部署步骤的，一般的工程师都不愿意去主动接触它。在这种情况下，两位笔者都曾经为自己的部门搭建过 Hadoop 平台。

2. 模型尚未标准化

早在 2011 年，机器学习模型仍然是门派林立，SVM、神经网络等大家之作往往需要与作者直接书写的 libsvm 等软件库相对应，而统一标准化语言的软件包才刚刚出现。当时已经有很多线性模型的软件包，但是如果需要使用随机森林，那么还需要再安装其他软件包，不同软件包的用法又是不一样的。这样的非标准化工作大大加重了开发的工作量，减缓了工作的进度。

机器学习软件行业这种"军阀割据"的格局，导致机器学习从业人员必须对每个对应的模型都要进行二次开发。理论上来说，再好的机器学习模型，在实际系统里面，其地位也就应该是一个可以随时替换的小插件。可是实际上，由于二次开发，往往导致一个模型很难替代和更新，只能与系统黏在一起。

3. 全栈人才欠缺

如果有了足够多的全栈人才，那么上面的挑战就都不是问题了。可是由于机器学习的门槛比较高，往往需要拥有多年理论训练的人才能胜任相关工作。如果没有多年的工作经验，那么这样的人员往往对系统运维等工作一窍不通。找到懂机器学习的人容易，找到懂系统运维的人也不难，可是要找到两样都会的人就非常困难了，这样的情况直接导致全栈人才极度缺乏。如果大家有幸能够供职于一些积累了多年机器学习实战经验的大公司，对机器学习系统架构进行"考古"，就会发现这个公司的机器学习系统架构设计大多取决于该公司架构人员的学历背景，每个公司在重模型还是重架构方面都有自己的倾向性。

1.2.2　现代机器学习的新融合

上面三个问题在 2012 年得到了转变，而这一年，也是两位笔者在亚马逊公司相遇的年份。能站在机器学习应用的前线，目睹这一革命的发生，我们感到非常欣喜。我们有幸成为这个大潮中的第一批用户，而且通过实际经历，了解了这一变化的来龙去脉。经过这几年的历练，我们熟悉了机器学习架构应用的相关知识。更重要的是，我们通过广泛的实验和讨论，总结出了对机器学习架构各个组成部分进行选择、预判的规律，让我们可以通过关键点分析对机器学习的浪潮进行预测评估。这也是我们希望能够通过本书与大家进行分享的经验。

从 2012 年到 2016 年，机器学习领域主要发生了以下这些变化。

1. 轻量化运维工具成为主流

运维过于复杂，已经成为众多互联网企业的心头之患。这个痛点在 2012 年到 2016 年这几年之间得到了革命性的解决，其中一马当先的急先锋是 Docker，Docker 是一款轻量化容器虚拟机生态系统（本书的第 6 章会详细介绍 Docker，并且其应用实例也会贯穿全书）。在 Docker 出现以前，调试部署的工作往往会占用开发人员大量的时间，例如在开发人员电脑上能够成功运行的程序，部署好了之后却不能正常运行。Docker 的出现，使得开发人员电脑上和生产服务器上面的虚拟机镜像内容完全相同，从而彻底杜绝了这种悲剧的发生，大大缩短了开发部署的周期。

与此同时，新近出现的连续化部署（Continuous Integration，CI）工具，如 Jenkins，自动化了机器学习模型的训练和部署流程，大大提高了模型训练的效率。

2. 机器学习工具标准化

近几年机器学习软件的出现仍然呈现爆炸式增长的趋势，但是领军软件已经崭露头角。在单机机器学习处理方面，基于 Python 的 Scikit-learn 工具已经成为了监督式机器学习模型的主流。Scikit-learn 具有丰富的机器学习模型模块，并且非常易于进行系统整合，我们在本书的第 4 章将对其进行详细介绍。与此同时，大数据机器学习方面，Spark 和 MLLib 也成为了主流，MLLib 几乎涵盖了所有的主流分布式机器学习模块，并且非常易于扩展。这些新工具的出现，让开发人员不再需要对模型进行二次开发，从而大大提高了效率。

3. 全栈人才登上历史舞台

机器学习领域人才大战正酣，吸引了众多优质青年投身于这一领域。我们非常欣喜地看到众多全栈型人才的出现。所谓全栈型人才，即为上可建模型、调参数，下可搭集群、做部署，左可开讲座、熬鸡汤，右可面风投、拉项目的"多才多艺"型人才。全栈型人才在组织中可以起到掌控技术全局的作用，可以大大缩短开发所需要的时间，减少系统反复修改带来的浪费。

1.3 机器学习领域分类

从方法论的角度来讲，机器学习分为监督式学习、非监督式学习和新兴机器学习课题三大方面。

1. 监督式学习

监督式机器学习的主要任务是通过机器学习模型和已有信息，对感兴趣的变量进行预测，或者对相关对象进行分类。监督式机器学习的一些应用场景包括：对网页访问进行分类，通过声音、文字、表情等信息对用户心情进行判断，对天气进行预测等。常用的监督式机器学习方法包括线性模型、最近邻估计、神经网络、决策树等。最近特别火热的深度学习在图像分类等场景的应用也是监督式学习的一种。

2. 非监督式学习

非监督式学习的主要任务是对数据进行描述。在非监督式学习的应用场景中，所有变量几乎都处于同等地位，不存在一个需要进行预测和分类的目标。故此非监督式学习主要用于机器学习建模前期对数据的分析和可视化处理，其在生产环境中的应用较少。非监督式学习的主要方法包括聚类分析、隐含因子分析等。

3. 新兴的机器学习课题

最近五年，强化学习（reinforcement learning）领域在深度学习的带领下得到了飞速的发展。强化学习旨在通过对实际事件的观察得到行为优化的结论，例如，AlphaGo 通过强化学习优化下围棋的策略。到目前为止，强化学习暂时还主要停留在学院派研究中，实际应用暂时有限。

本书将着重讲述机器学习方法在实时场景中的应用，我们将会简要介绍主流监督式学习的方法和应用。另外值得一提的是，在 IT 工业界应用中，自然语义处理、推荐系统和搜索引擎由于其专业领域深度和应用的难度，在各种文献中它们往往被列为独立的大方向。本书的第 9 章和第 12 章会对自然语言的处理进行简单的介绍。

1.4 实时是个"万灵丹"

成长会解决一切问题。如果一个企业正在飞速成长，大家步调一致、同心齐力，那么内斗或管理混乱等问题将是难以出现的。而当企业的成长受到了制约，停滞不前的时候，往往就会出现众多非技术性原因造成的悲剧。

我们强调机器学习的实时性，就是为了保证应用机器学习的企业能够利用机器学习的资源大踏步向前，而不会被早早地制约，徘徊不前。机器学习就已经够有挑战性的了，为什么还要采用实时机器学习？根据我们的经验，实时机器学习上马应该越早越好，原因具体有以下三点。

1. 实时架构稳定性可以得到保证

Fail fast（快速失败）强调如果有问题，那么应让问题尽早出现，使得问题可以得到尽早修复，这是软件工程里面一个重要的思想。如果系统有问题，就应该让问题尽早暴露，而不是往后拖。实时机器学习架构强调连续运行，设计、实施中的任何问题一般都可以在部署上线后的几个小时内暴露出来，以及时得到更正。

非实时架构往往会在每天的某一个固定时刻进行数据处理、建模等工作。如果前一天开发人员部署了问题程序，到了第二天运行的时候才发现，打好补丁就到了第三天，然后验证补丁是否正确又到了第四天……在流程的反复中，宝贵的时间就这样浪费下去了。

2. 代码、架构质量可以得到保证

与非实时架构不同，实时架构设计假设数据是无限量连续到来的。这时候系统的设计

和开发必须从一开始就设计好全局步骤，而不是走一步算一步，由此可以大大提高架构设计的质量。与此同时，连续交付的要求需要代码能够事先考虑到所有边际情况，这样我们所得到的代码质量也会更高。

3. 数据驱动的组织文化可以得到加强

由于机器学习具有实时性，因此所有有关业务效果的讨论都可以基于实时数据，而不是凭空根据大佬的主观臆断。与此相对的，没有采用实时机器学习的组织往往只会定期手动进行数据分析，得到真相的速度大大减慢，不利于商业决策的正确执行。另外，非实时架构企业的数据处理往往会经过相关人员之手，数据的原始性和真实性很难得到保证，最终用户拿到数据的时候，数据可能已经失去了使用的价值。

1.5　实时机器学习的分类

按照实际应用中采用的方式不同，实时机器学习可以分为硬实时、软实时和批实时三种模式，下面将分别进行介绍。

1.5.1　硬实时机器学习

硬实时的定义是：响应系统在接收到请求之后，能够马上对请求进行响应反馈，做出处理。硬实时机器学习的主要应用场景是网页浏览、在线游戏、高频交易等对时效性要求非常高的领域。在这些领域中，我们往往需要将相应延迟控制在若干毫秒以下。对于高频交易等场景，更是有不少计算机软件、硬件专家，开发出了各种专有模块以在更短的时间内完成交易，获得超额利润。

在本书写作之时，计算机网络的传输速度仍然是响应延迟的一大主要因素。硬实时机器学习的响应架构往往会试图尽量减少请求处理过程中的网络传输步骤。与此同时，为了达到硬实时的要求，在请求突然增加的时候，往往会采取负载均衡的方法，靠增加服务器的数量来减少响应延迟。

1.5.2　软实时机器学习

软实时的定义是：响应系统在接收到请求的时候，立即开始对响应进行处理，并且在较短时间内进行反馈。软实时机器学习只要求系统立即对请求开始进行处理，最后处理完成所消耗的时间比较少，但是要求不如硬实时严格。软实时机器学习的主要应用场景是物流运输、较为频繁的数量金融交易等领域。例如某物流企业在接到订单之后需要对运输时间、物品风险进行预估，其中需要和多个系统服务进行交互读取，这个时候我们需要系统能够实时地做出处理，但是处理结果可能需要经过数秒才能得到。

由于软实时机器学习对响应延迟的要求有所放松，因此往往会在处理架构中加入分布式队列这一组成部件。处理的任务会被实时地传输到分布式队列中，而后端的处理程序能响应式地对任务进行处理。与此同时，在请求增加的时候，可以通过分布式队列缓冲到达的任务，也可以通过负载均衡的方法增加处理单元，以保证低延迟。

1.5.3 批实时机器学习

硬实时机器学习和软实时机器学习都是针对具体的单个事件进行处理。与此相对应的，批实时机器学习是指对成批到达的数据进行实时的处理。批实时机器学习的应用场景往往处于后端机器学习模型的训练和数据处理加工上。通过实时训练的模型将会被部署到硬、软实时机器学习架构中，对数据进行处理。

由于批实时机器学习需要对一定时间窗口内的所有数据进行处理，因此批实时机器学习架构中往往也会有一个分布式队列，对时间窗口内的数据进行缓冲和加工。在数据流向增加的时候，可以通过加大分布式队列的容量，提高分布式队列的处理能力；也可以通过增加处理单元的方法来提高处理能力，以保证低延迟。

1.6 实时应用对机器学习的要求

现今每年都会发表成千上万的机器学习相关的论文，其中不乏表现突出的方法论，但是并不是所有的机器学习模型在实际应用中都适用。实时机器学习的应用主要有以下几个方面的要求。

1. 模型可扩展性

模型可扩展性需要整个机器学习应用的各个部分均可以轻易地根据实际需要进行扩展。这里的扩展可能是增加新的预测变量，也可能是在新的市场、人群和用户界面中进行使用，还有可能是加入新的架构部件，进行可视化等操作。

2. 模型运用低延迟性

低延迟性是实时机器学习应用区别于其他机器学习应用的核心。根据定的义的不同，低延迟的界定也会有所不同。对于网页、交互式游戏等应用场景，低延迟需要整个机器学习后台在少于 10 个微秒内完成反应；与此相对应的是，对于后台数据分析、作弊检测等场景，低延迟要求整个机器学习后台能在少于一分钟内完成作业即可。

3. 训练数据私密性

训练数据私密性是指，模型的用户能否通过逆向工程的办法，倒推出模型训练数据集的内容。如果训练数据集的内容可以被轻松倒推出来，那么可能会对训练集数据提供者的隐私和经济利益带来负面影响。这是近几年刚被机器学习业界意识到的一个重要问题。

1.7　案例：Netflix 在机器学习竞赛中学到的经验

美国领先的付费视频公司 Netflix 在机器学习、系统推荐方面都做出了卓越的贡献，早在 2007 年，Netflix 就率先提出了百万美元大奖，奖励在 Netflix Prize 竞赛中优胜的队伍。Netflix Prize 通过为期三年的竞赛，积累了机器学习宝贵的第一手资料，成为了机器学习中的经典案例，这里我们介绍以下两个方面。

1.7.1　Netflix 用户信息被逆向工程

Netflix Prize 进行影片推荐预测时，使用的数据包括用户名、影片名、评价日期、评价等级等信息，为了防止泄露用户个人的隐私信息，Netflix 对用户名进行了加密处理。

尽管如此，德州大学的研究人员仍然通过逆向工程成功得到了一些用户的个人信息。他们是怎么做到的呢？原来 Netflix 用户在评价一个影片的时候，往往还会去互联网影片库 IMDB 上转载自己的评论。德州大学的研究人员将 Netflix 数据集中的评论和 IMDB 中的评论按照评论日期进行配对，很快就发现了具有上面行为的若干用户，其中不乏具有隐秘性取向的用户。这一研究结果一经发出之后，这些用户的生命安全直接受到了威胁，这也直接导致了 Netflix 在 2010 年遭到了以上用户的起诉，并且取消了 2010 年以后的所有竞赛。

通过这一案例，我们意识到了在设计机器学习应用的时候一定要把用户隐私保护放在第一位。一些社会边缘个体特别容易因为自己的行为特征与大众不同而被模型泄露。

1.7.2　Netflix 最终胜出者模型无法在生产环境中使用

2009 年 Netflix 最终胜出的队伍为 BellKor，该队伍是由四个队伍混合而成的。为什么要混合队伍呢？笔者曾有幸亲自向 BellKor 成员之一的 Michael Jahrer 请教。故事是这样的，在比赛进行到了白热化阶段之后，来自雅虎、贝尔实验室、Commendo Research and Consulting 和 Pragmatic Theory 这四个队伍得到的结果都不相上下，这个时候，往往要在进行大量的参数调校后，模型才会有很少一点的提升。

2009 年的时候，机器学习领域已经出现了 Emsemble 的概念。Emsemble 的意思是通过混搭来源不同的模型的结果，取长补短，以得到更为强大的模型。很自然的，上面这四支队伍先后决定合并成为一个大集体，最后取得了 Netflix 比赛的最终胜利。

比赛确实是结束了，运用 Emsemble 过程带来的负面影响是，最终模型是由上百个小模型组成的，每个小模型都可能是由不同的语言来写成的，需要自己特殊的预处理程序，而且还需要独立的模型训练架构。虽然按照约定，Netflix 享有最终模型的使用权，但是实际上由于训练和运用模型的复杂性，Netflix 至今也没有将上述模型运用到实际应用中去。

通过这一案例，我们可以学到，先进、前沿的机器学习模型固然很重要，得在运用的时候仍然要考虑到训练、运用的复杂性。一切从实际出发，也是本书全文的贯穿思想。

1.8　实时机器学习模型的生存期

进行实时机器学习开发必须考虑生存期。生存期是指一个系统从提出、设计、开发、测试到部署运用、维护、更新升级或退役的整个过程。若在生存期设计上出现了数据，那么在后面的使用中就会出现各种各样的瓶颈阻碍应用产生价值。

从软件工程的角度上讲，开发实时机器学习也遵从构思、分析、设计、实现和维护五个步骤，这五个步骤可能会循环往复，随着业务的发展进行多次迭代。实时机器学习模型的应用由于其技术的特殊性，也具有自己的小型生存期，其中包括数据收集、数据分析、离线手工建模评测、上线自动化建模评测这四个方面。如图1-1所示，离线手工建模评测、上线自动化建模评测这两个部分主要是靠监督式机器学习。而数据分析主要是依靠非监督式机器学习和统计数据分析。

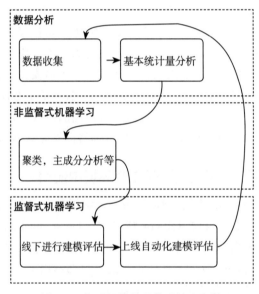

图1-1　实时机器学习模型的生存期

值得一提的是，进行上面这四个步骤的前提是机器学习模型能够给组织和用户带来价值。但是，众多开发人员甚至是领导层都不愿意面对的一个问题是：我的模型真的有用吗？

对于一些非机器学习大数据类的初创公司来说，在用户数量并不太多的情况下，用非监督式机器学习进行少量数据分析，然后用人力进行反馈，反而有可能会取得更优良的投资回报率。笔者道听途说得知国内一些门户视频网站，就算在公司都已经上市之后，仍然还在使用人工选择的方式进行视频推介，甚至还取得了尚可的效果。

如果机器学习不能给组织带来直接效果，就算有高层支持，对于机器学习从业人员来说也不是很好的职业选择。在机器学习能为组织带来效益的情况下，让数据说话，从业人员才能够不断进行深挖，并得到更多的锻炼和领域洞见；与此相反，如果所建立的系统听起来很好，但是却没能带来相对应的效益，那么这样岗位上从业人员的工作重心就会像浮萍一样随波逐流，被公司政治利益驱动，长期来说这样很不利于从业人员的个人发展。

机器学习实战的最高境界，就是知行合一，在创造科技前沿作品的同时，能够为个人、组织和社会带来效益，这也是本书写作的指导思想。

在下面的章节里，我们将会从更实际的角度出发来探索实时机器学习的应用。其中，第 2 章到第 4 章，我们将会介绍监督式机器学习模型，并且学习建模的工具 Pandas 和 Scikit-learn；第 6 章到第 9 章，我们将会介绍实时机器学习的架构，并且学习使用 Docker、RabbitMQ、Elasticsearch 及数据库等重要组成部分。

实时监督式机器学习

2.1 什么是监督式机器学习

监督式机器学习旨在利用训练集数据，建立因变量和自变量之间的函数映射关系。如果用 X 代表自变量，Y 代表因变量，f 代表映射函数，b 代表映射函数的参数，那么监督式机器学习的任务就是找到恰当的函数 f 和参数，让下面的映射尽量符合要求：

$$y=f(x;b,e)$$

这里 e 为实际情况中的随机扰动项。

下面就来具体看看在监督式机器学习中，因变量、自变量和预测函数的含义。

（1）因变量

因变量是我们试图通过机器学习模型预测的变量，在实际应用中它往往无法在预测之时就能观测到。例如在实时股价波动方向预测中，未来股价的走向就是一个因变量，只有等待时间流逝之后才能得知。我们进行预测时只能根据当前已有的历史交易数据、基本面信息等进行判断。这个时候就需要利用已有的变量对这一因变量进行预测。对于不同的应用场景，因变量可以是金额、收入等连续变量，也可以是性别、状态等离散变量，还可以是三围、经纬度等多维变量。

（2）自变量

自变量是我们在预测时就已经获得的，可以用于因变量预测的数据。例如在实时股价走势预测的例子中，历史走势、历史成交量等数据都是在进行预测的时候就能够获得的数据，通过经验，我们还知道历史走势和未来走势可能具有一定的函数关系，于是历史走势就成了预测未来走势的自变量。在实际运用中，自变量往往具有实时、廉价的特点。我们通过当前已有的、可以廉价获取的自变量数据，来预测更难观测到、更为珍贵的因变量数据，其实也是一种低买高卖的投资。同样，自变量可以是连续、离散、多维的数据，甚至是图片、文字等多媒体数据的集合。

（3）预测函数

预测函数是我们进行监督式机器学习的核心。理想的预测函数能够按照需求，将因变量映射到自变量空间。例如在实时股价走势预测这一应用场景中，我们可以采用线性函数等多种函数将历史数据映射到未来走势函数的空间中去。预测函数往往多种多样，其既可能是线性、树状、网格状函数，也可能是 Murmur Hash 等非线性二进制处理函数，还有可能是前面提到的这些函数的组合和叠加。

那么，什么样的机器学习模型才是适用于实际生产场景的呢？笔者根据自己的工作经验总结了以下几点。

❏ **低成本模型**：对于腾讯、谷歌、阿里巴巴等航母型企业以外的用户，推荐采用尽量低成本的模型。这里的低成本体现在两个方面：软件包尽量用现成的，且对软硬件的要求要尽量低。

❏ **模型易于解释**：在实际应用中，我们往往需要对模型产生的结果进行解释和排错。如果模型太过复杂，难以排错，那么势必会影响到实际应用。

❏ **模型易于修改**：建立的机器学习模型往往需要对未发生的事情进行预测。这个时候需要将人为判断放入模型中，这就要求机器学习模型应该能够很容易地带入人工设置的参数。

虽然近十年出现了成千上万的机器学习方法，其中不乏发表于顶级刊物上的名家大作，但是如果按照上面三条逐个进行检查，那么完全符合要求的机器学习方法也就所剩不多了。

例如不少读者都听说过深度学习这一众所周知的方法，可是仔细研究就会发现，深度学习的训练往往需要 GPU 硬件的支持，而且深度神经网络由于其过于复杂，几乎无法进行解释排错。所以深度神经网络的应用往往也局限在图像、自然语言处理等特殊场景下，对于风险分析等重要的应用场合完全无法涉足。我们在本书末尾将介绍深度学习的平台选择，供有兴趣的读者参考。

笔者之一的彭河森，其博士论文是以高维非线性机器学习为主题，但是经过多年的观察总结，发现还是线性模型和朴素贝叶斯模型在实际应用中最能满足上面这三点。因此本书也将着重讲述线性模型在实时机器学习中的应用。

2.1.1 "江湖门派"对预测模型的不同看法

具有深厚的技术功底只是能在工业界生存的一半因素，另外一半取决于门派站队是否正确。机器学习和统计中一直存在不同的门派，这些门派就像江湖中的各种高手一样，都有着自己的独门绝技，很多文献和教程往往只会注重一方面门派，而忽略了很多其他门派的贡献。尽信书不如无书，我们鼓励大家多阅读、多思考，在实际应用中形成自己的知识架构体系。

大家可能注意到了，第 1 章对机器学习的定义其实很模糊，比如：里面的模型参数应该是随机的还是实际固定存在的？ 是真的随机还是只是我们没有观测到而已？这些我们并没有给出具体的回答。这是因为不同的门派对它的意义和看法都各不一样。下面就来看看都有哪些观点。

在统计和计算机理论领域，势力非常强大的贝叶斯学派认为参数是一个随机变量，因为我们每次对因变量、自变量进行观测之时，看到的都是一个不可观测到的随机变量产生作用的侧影。与此相对应的，稍微低调一点的频率学派则认为参数是客观存在的固定数值，只是因为随机扰动的存在导致我们无法进行精确观测。

大家不要小看上面看似微小的观点差别，这种基本世界观的差距，会直接影响一个企业的架构设计。对我们个人来说，最直接的影响就是不同门派的人往往会各自为政，互不往来。如果没弄清楚情况，频率学派的人去以贝叶斯学派为主的公司面试，往往会碰一鼻子灰，公司内部政治斗争往往也会按照这样的门派站队。所以及时认清派系也是我们核心技术人员生存的重要本领。

说个最直观的例子，LinkedIn 的一些机器学习高管是贝叶斯学派的忠实信徒，自然，LinkedIn 领导开发的几个项目也都是基于贝叶斯理论的模型，如果不是贝叶斯模型，那么先要将其贝叶斯化，才能得到首肯。而贝叶斯模型最擅长的当然是线性模型，所以致使LinkedIn 几乎所有机器学习模型都是线性的。贝叶斯模型并没有什么不好，只是，如果倾全公司之力，只做贝叶斯模型，就限制了深度学习等新工具的加入，错过了进步的机会，会比较可惜。

2.1.2　工业界的学术门派

以笔者在工业界摸爬滚打多年积累的经验来看，工业界的门派主要涉及了以下三个方向。

1."重造轮子"学派

"重造轮子（reinvent the wheel）"学派拥有非常强大的势力，"重造轮子"学派的人员往往都像是在世外山谷中修炼了千年的高人，其见地都会让人眼前一亮，他们大都具有独当一面的技术能力。通常实力越是强大的公司，越有可能存在"重复造轮子"的情况，比如，阿里巴巴、百度。

阿里巴巴有一个很有意思的例子。阿里巴巴某些业务组的技术能力非常出众，在Hadoop 生态刚刚兴起的时候，其开发人员不满于 Hadoop 的运行效率，自己用 C 语言开发了一套自有分布式机器学习平台。后来 Spark 和 MLLib 的出现直接解决了 Hadoop 运行效率的问题，笔者也很好奇他们的那套系统后来怎么样了。

百度也存在"重造轮子"的情况，深度学习盛行的时候，百度发布了自己的深度学习开源框架 PaddlePaddle，但两位笔者至今没有认识任何非百度的人士在任何场景中测试或应用了该框架。

2."参数调教"学派

"参数调教"门派比较类似于高位于庙堂之上的士大夫，具有出神入化的理论功底，但是作品却很难接地气，微软、雅虎⊖都有这样的例子。

在第一次互联网泡沫达到鼎盛的时候，微软、雅虎等公司都成立了自己的研究部门，如微软研究院、雅虎研究院等。这些部门的研究人员不需要像学术界的同僚那样寻找资金项目支持，只需要专注发表文章。就和科举一样，发文章的竞争也是非常激烈的，为了得到最好的结果，往往需要进行大量的参数调教。从微软、雅虎等公司出身的研究员，一般都特别热衷于支持向量机（SVM）和深度神经网络（Deep Neural Network，DNN）两个方法，因为这两个方法特别适合"参数调教"，且往往能调出特别好看的结果，以利于文章的发表。当然过度的"参数调教"带来的后果就是模型过度拟合，纸面上非常惊艳的模型拿到实际应用中可能只会是一筹莫展。现在雅虎被 Verizon 低价收购，微软研究院现在也在向业务组转型。

3."拳打脚踢"学派

"拳打脚踢"门派更像是江湖中的丐帮，看似灰头土脸，但是非常接地气，得到的结果往往也是非常好的，这一派的带头人首推亚马逊。

笔者入职亚马逊的时候，亚马逊并没有专门的机器学习研究部门，当时，所有的研究员都分散在业务组，业务的快速驱动使得机器学习相关人员都适应了快速上线、抓主干的开发模式，这样的环境使得亚马逊的机器学习迭代非常快，而从来不会在参数调教上面浪费精力。

另外一方面，由于亚马逊非常讲究以客户为中心，出现机器学习模型失败的应用时，以 CEO 杰夫·贝索斯为首的领导团队会向下施压寻求解答。机器学习界有很多优秀的模型，如深度神经网络等复杂模型，它们虽然效果很好，但其解释和排错的难度也是非常大的。这样对解释、排错的需求使得线性模型、决策树、随机森林等简单模型在亚马逊得到了非常广泛的应用。为了方便这样的用途，亚马逊内部还开发了多项可视化工具，方便人工排错。

不同的公司具有不同文化，最后做出来的机器学习产品也是不同的。介绍上面这些例子，是希望大家在设计实时机器学习系统的时候能够将公司的文化环境、需求考虑在内，这样设计出来的系统才是好用的、受欢迎的系统。

2.1.3　实时机器学习实战的思路

本书的两位笔者都曾经供职于亚马逊和微软，横跨拳打脚踢和参数调教两大门派，对

⊖　现在雅虎已经被 Verizon 收购，改名 Altaba，雅虎已经成为历史。

于实际的机器学习方法，我们是这么认为的。

不要重复造轮子：重复造轮子听起来是很酷。很多人喜欢吹毛求疵说 C 效率高，Java、Python 不行，碰到这种情况，笔者往往会反问，Fortran 更快，你为什么不用 Fortran 写？重复开发对开发人员的个人生活来说是非常不合适的。既然已经有了现成的工具，那么为什么不早点完成任务下班回家陪家人呢？现今主流开源软件的运行效率都还不错，只是在特殊情况下需要按照业务需求对软件运行环境进行配置，例如调节 Java Heap size、配置线程数量等。当然，这些操作听起来并不是那么酷，但是可以让你早点下班锻炼身体，为祖国健康工作五十年。

没有模型是完美的：教科书里的机器学习数据都假设用户在同一个宏观环境中进行操作，但是实际应用中并不是这样的。在实际应用中，任何模型的效果都会随着时间的流逝而衰减；很多曾经成立的模型假设，也会随着时间的推移变为无效，而新生态的出现需要我们不断去抓取新数据。这就要求我们不断地去更新模型，不断地审视自己的模型和假设，不断做出改进。

重视上下游生态：实时机器学习系统往往只是一个大组织中小小的一环。取得优秀的成绩固然很重要，但是实时机器学习中产生的数据、知识也可能是整个组织不可或缺的财富。采取一些简单但是易于解读的模型，往往有利于组织进行分析学习，从组织层面上达到新的高度。

2.2 怎样衡量监督式机器学习模型

本章前面对一个好的实时机器学习模型的衡量只提到了"优秀""合适"这样的字眼，本节将会详细展开，讨论监督式实时机器学习模型的衡量标准。

在实际应用中，监督式实时机器学习效果的好坏可以分为统计量是否优秀和应用业绩是否优秀两个方面。下面将按照这两部分分别进行介绍。

在讨论技术细节之前，先进行一下符号的定义：

给定 n 组已知的自变量和因变量 $\{(Y_i, X_i)\}_{i=1}^n$ 作为测试数据集，对于任意 i，我们通过自变量 X_i 和模型 $f(X_i; b)$ 预测自变量的数值，得到对因变量的估计 $\hat{Y}_i = f(X_i; \hat{b})$。

本节下面的所有内容都与讨论 Y_i 和 $\hat{Y}_i$ 的近似程度相关。

2.2.1 统计量的优秀

一个监督式机器学习模型若取得了优秀的统计量成绩，则代表着其预测或分类的误差较小，精确度上比较优秀。对于分类和回归预测这两个问题，我们将定义不同的统计量。这类统计量在现有机器学习软件包中往往具有完备的函数支持，例如 Scikit-learn 的 sklearn.metrics 模块中就含有数十种从统计量角度衡量模型优劣的函数。这里我们选取最常用的几种进行介绍。

1. 衡量回归预测的统计量

在回归、预测等场景中，因变量 Y 往往为连续变量。例如，我们可能会通过父母的身高预测子女成年后的身高，也可能通过社交舆情数据预测当日股票收盘时期的涨跌幅。这里的身高、涨跌幅都是连续变量，我们对其的预测值需要尽量接近真实观测值。为了达到这样的目的，常用的统计量有以下几种。

（1）均方误差

均方误差（Mean Square Error，MSE）是统计中最常见的误差衡量单位之一，其定义为：

$$\text{MSE} = \frac{1}{n} \sum_{i=1}^{n} (\hat{Y}_i - Y_i)^2$$

在数学上，均方误差的估计可以追溯到正态分布方差的无偏估计。就算 Y_i 实际上不服从正态分布，均方误差仍然具有优良的统计性质。直观上来讲，我们希望通过机器学习模型所得预测的均方误差应尽量小。用 $E(\ )$ 代表对随机变量数学期望的计算，可以将其中一个观测的均方误差分解为两部分：

$$E(\hat{Y} - Y)^2 = \text{Var}(\hat{Y}) + \text{Bias}(\hat{Y})^2$$

这里的均方误差可以看作是 $E(\hat{Y} - Y)^2$ 的估计量，等式右边部分可以分为如下两部分来解读。

估计的方差　估计的方差（variance）刻画的是对因变量预测的变化程度。真实世界里，任何观测和度量都具有随机性，这样的随机性决定了我们对自变量的预测也具有客观存在的随机性。这样的随机性随着机器学习模型估计方法的不同可能会有所不同。

估计的系统性偏差　当我们的估计系统性地偏离真实数值的时候，系统性偏差 (bias) 就会被包含在均方误差中。在理论情况下，如果我们使用了无偏估计，系统性偏差为零，这时均方误差就只与方差有关。当然，在实际应用中，我们的模型或多或少都会有一定的系统性偏差，理想情况就比较难以达到了。

比较上面这两点的异同是所有数据科学家面试题目中的必考部分。为了便于大家理解，这里以图 2-1 作为例子进行对比。图 2-1 对比了具有完全相同均方误差的两组数据的估计值和真实值。图 2-1a 为无偏估计，但是估计方差较大；图 2-1b 的估计方差较小，但是估计有偏。当然，其实也是可以分别用方差和偏离程度来考量估计的优劣的。但是当我们具有多个统计量的时候，就往往需要通过实际情况进行取舍了。有的时候我们宁愿牺牲无偏估计，以换取估计的稳定性；有的时候我们又需要不顾一切地保证估计的无偏性。

（2）绝对误差中位数

在实际应用中我们往往会遇到极端值（outlier）。例如通过父母身高预测小孩身高的时候混入了姚明的身高，通过浏览行为预测网购金额的时候混入了王思聪的购买信息。这个时候由于极端数值的存在，均方误差的计算会大受影响，从而致使我们得到的模型评价的结论也并不贴近实际。

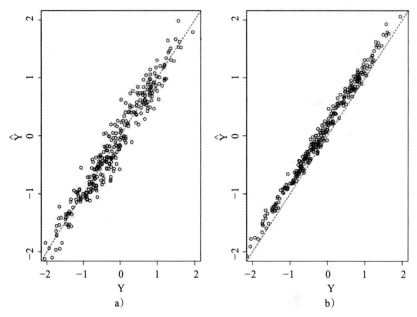

图 2-1 估计值和真实值的对比，两组数据具有相同的均方误差

为了解决这一问题，统计学家们引入了稳健统计量，提出了绝对误差中位数（MAE）的概念。绝对误差中位数的定义为：

$$\text{MAE} = \text{Median}(|\hat{Y}_i - Y_i|)$$

这里不再采用所有误差的均值，而是使用误差绝对值的中位数作为统计量，大大减少了极端观测对最终判断的影响。

图 2-2 中对比了存在极端值（见图 2-1a）和不存在极端值（见图 2-1b）的分布。图 2-1a 和图 2-1b 都有 300 个观测点，其中图 2-1a 具有 20 个随机选取的异常点。在不考虑极端观测的情况下，图 2-1a 和图 2-1b 的分布是完全相同的。如果使用均方误差进行效果衡量，那么图 2-1a 为 0.298，图 2-1b 为 0.043，图 2-1b 明显优于图 2-1a；如果用绝对误差中位数进行衡量，那么图 2-1a 为 0.159，图 2-1b 为 0.136，只是略微优于图 2-1a。

根据实际应用的经验，极端数值往往是客观存在的，因此，建议读者在进行评价的时候应尽量采用稳健统计量绝对误差中位数。

2. 衡量分类的统计量

在分类等任务中，因变量 Y 往往是离散变量。例如我们可能会通过用户的浏览行为预测点击具体页面的概率，这里最后得到的标签实际上是点击或不点击，是一个离散变量。也可能通过文字对话判断参与用户的性别，这里用户的性别往往也是离散变量。对于这样的分类问题，特别是分为两类的问题，我们往往会对实际标签和预测值进行分类，让其定

义为阳性（例如点击、男性）和阴性（例如不点击、女性），于是我们可以得到表2-1所示的
内容。

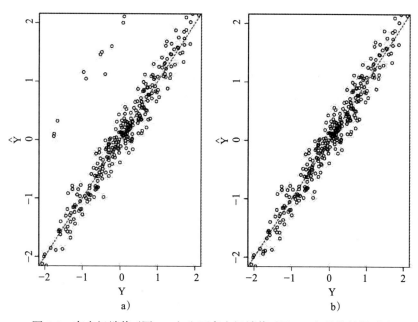

图2-2　存在极端值（图2-1a）和不存在极端值（图2-1b）的统计量对比

表 2-1　预测标签和实际标签对比

	实际类别	
预测类别	阳性	阴性
阳性	真阳性	假阳性
阴性	假阴性	真阴性

统计学家根据表2-1定义了数十个统计量，本节将介绍最常见的两个统计量，即准确
率和召回率。

（1）准确率 (precision)

准确率是指在被机器学习判断为阳性的观测中，真阳性观测所占的比例：

$$准确率 = \frac{真阳性}{真阳性 + 假阳性}$$

准确率刻画的是喊"狼来了"的孩子有多少次喊狼来了的时候是正确的。例如，在实
时股票走势预测的场景中，我们假设股价上涨是阳性观测，股价下跌是阴性观测。在通过
机器学习模型对其进行分类预测时，准确率的定义就是被预测的走势中，被预测为会上涨
的这些观测点中，实际上真正上涨的观测点所占的比例。

（2）召回率 (recall)

召回率是指在真实的阳性观测中，被判断为阳性的观测所占的比例：

$$召回率 = \frac{真阳性}{真阳性 + 假阴性}$$

召回率刻画的是在所有狼来了的历史里面，有多少次牧羊小孩成功地发现了狼。例如，在实时股票走势预测的场景中，我们假设股价上涨是阳性观测，股价下跌是阴性观测。在通过机器学习模型对其进行分类预测时，召回率的定义就是，对于所有实际上涨的这些观测点中，被预测为可能会上涨的观测点所占的比例。

2.2.2 应用业绩的优秀

在回归预测的任务中，误差对业务产生的影响往往是不一样的。例如，想要通过建模预测航班售票的情况，若我们预测的乘客数量比实际超出太多，则可能会造成机场安排过多运力，造成浪费；但是当我们预测的乘客数量过少，又会造成超额售票，机场运力不足，这就会对乘客的体验造成影响。这个时候对机器学习模型优劣的判断就需要将不对称的收益考虑进去。

同样，在分类任务中，准确率和召回率是相互竞争的两个统计量。例如，我们如果奉行宁可错杀一百，不可放过一个的思想，将所有股价走势情况都预测为上涨，那么这样我们可以达到 100% 的召回率，但是准确率会变得很低。与此相对，若将所有观测都预测为下跌，这样我们可以达到 100% 的准确率，但是召回率又将变得非常低。所以，真正应用在实际之中时，我们往往需要对相互竞争的统计量进行权衡，选一个合适的中间点作为最终判断的准绳。

例如，在股价走势预测建模数据中，我们最后的评判标准可能是：

$$S = (假阳性 * C_1 + 假阴性 * C_2)/N$$

其中，N 为样本总量，C_1 为每起假阳性事件（将下跌预测为上涨）带来的损失，C_2 为每起假阴性事件（将上涨预测为下跌）带来的损失。而最后我们决策的准绳，可能是通过机器学习建模，使得上面的损失函数 S 尽量小。

2.3 实时线性分类器介绍

2.3.1 广义线性模型的定义

（广义）线性模型是机器学习发展几十年来理论和工具上最为完备的模型：不管是分类还是预测，线性模型都可以进行实时更新和预测；线性模型的解释性非常优秀，每个变量的回归系数都可以用于解释模型；最后，我们可以通过增减变量，修改特定的回归系数对模型进行人为加工。

继续前文的符号定义，假设回归因变量为 Y，自变量为 p 维向量 X。在线性模型中，我们企图获得 p 维参数向量，让我们可以通过 X 个个元素的现行组合得到 Y。它们的关系可以通过下面的函数来表示：

$$Y \sim F(.)$$
$$E(Y) = f(\eta)$$
$$\eta = X^{\mathrm{T}}b$$

其中，$F(\ )$ 为因变量 Y 的累计概率分布，$E(\ )$ 为数学期望的计算。我们可以从以下两个部分来解读这个模型。

（1）线性输入

$\eta = X^{\mathrm{T}}b$，每个自变量 X_i 对模型输出的贡献都是线性的，其贡献大小都由对应的 i 来决定。当 $b_i = 0$ 时，自变量 X_i 不会影响最后的预测。这些线性输入的总和会直接影响最后因变量的取值。

（2）可预计的输出

给定 η 时，因变量的取值由连接函数 f 和 Y 的分布 F 来决定。我们常用的 f 和 e 有以下三种情况。

❏ 当 $f(\eta) = \eta$，且 $F(\ )$ 为正态分布的累计概率分布时，模型等于对正态分布的连续变量进行线性预测。

❏ 当 $f(\eta) = 1/(1 + \exp(\eta))$，且 $F(\ )$ 为二项分布累计概率分布的时候，模型等于逻辑回归模型，可用于对男女、好恶等类别进行分类预测。

❏ 当 $f(\eta) = \exp(\eta)$，且 $F(\ )$ 为泊松分布累计概率分布的时候，模型等于泊松模型，可用于对订票人数、车辆通过数量等数据进行预测。

综上所述，众多数据模型都是可以通过线性模型的特殊情况进行建模预测的。

2.3.2 训练线性模型

给定已知的样本 $\{(X_i, Y_i)\}_{i=1}^{n}$，假设现在需要通过模型训练得到线性模型参数 b，那么我们往往会定义目标函数 L，通过随机梯度下降的方法求得 b，使得 L 尽量小：

$$L = \frac{1}{n}\sum_{i=1}^{n}\left[f(x_i^{\mathrm{T}}b) - Y_i\right]^2 + \lambda_1 |b|_1 + \lambda_2 |b|_2$$

其中，λ_1 和 λ_2 是预先设置好的非负参数，$|\cdot|_1$ 为计算 L_1 的范数，$|\cdot|_2$ 为计算 L_2 的范数。

上面的目标函数可以分为如下两部分来理解。

❏ 预测误差：目标函数 L 第一项预测误差，我们训练一个模型当然是希望其得到的误差应尽量小。

❏ 惩罚函数（penalty function）：目标函数 L 中第二、三项的存在是为了防止所得模型的过度拟合，加入 L_1 惩罚函数还可以进行变量优先选择。

这里的参数 λ_1 和 λ_2 都是实现选择的参数，可以通过多次比较不同的模型来获取最有效的组合。

现在对线性模型的拟合工作已经在主流机器学习软件工具中完全自动化，在 Scikit-learn 中，对线性回归模型的拟合主要采用 sklearn.linear_model.SGDRegressor，对于分类问题，主要采用 sklearn.linear_model.SGDClaffier。

2.3.3 冷启动问题

机器学习应用中，其实收集数据才是最昂贵的一部分。若没有数据，那么一切模型都将是空中楼阁。对于新企业或新项目，没有数据进行模型训练，那么怎么样才能有最初始的模型呢？没有数据就有没模型，但是如果没有模型，往往也会难以收集到数据。怎么样才能解决这个鸡生蛋、蛋生鸡的问题呢？这个问题可能会因为不同的组织而有不同的答案，这里主要总结如下两个方案。

1. 借用其他相关数据

如果无法获得当前组织的机器学习数据进行建模，那么其中一个办法是从其他来源获取类似的数据，建立暂时能用的模型。等到产品成熟了，收集到足够多的数据以后再开发自身专有的模型。

例如，某初创业公司需要对小说影评的正负评价进行分类。但苦于暂时没有现成的数据，因此借用了相关网站，如豆瓣、知乎等帖子的内容，作为训练数据；又因为没有评价正负标签，该公司将豆瓣评分、知乎投票数量进行转化，获得了模型的正负标签。

2. 人工参与

在遇到建模冷启动问题的时候，该模型的使用人数往往并不高，如果对延迟的要求不高，完全可以通过人工标记的方法来解决。

例如，国内某家已经上市的门户视频网站，成立多年以来，分类、标记、推荐等业务都是通过人工完成的，且取得了尚佳的结果。如今该网站上市之后拥有了雄厚的资金实力，聘请了顶尖的机器学习专家进行视频的标签标记和推荐。此时通过多年的努力该网站已经积累了大量的标签数据，建模的效果也相当好。

另外一方面，处理冷启动问题的时候，我们也可以将人工意见写入模型之中，使其自动化运行。例如对于股价走势预测模型，我们可以通过人工经验，对历史走势、成交量等因子进行人工打分，将人工打分的结果放入现行模型中，进行前期应用。

当然，所有人工参与的方式都离不开严格的监督流程。本书的第 9 章会介绍通过 Elasticsearch 对数据进行可视化分析和质量监控的方法。

第 3 章 *Chapter 3*

数据分析工具 Pandas

3.1 颠覆 R 的 Pandas

进行机器学习应用的第一步是理解和探索数据，为此我们需要一套交互性很强的软件。一款理想的数据分析软件可以轻松地从多个来源读取数据、进行预处理，并且还要具有优良的统计和可视化功能，Pandas 就是这样一款软件。

Pandas 是一款基于 Python 的数据分析和建模的开源软件包。2012 年两位笔者刚刚在亚马逊相识的时候，如日中天的 R 工具正是机器学习和数据分析的主流，而基于 Python 的数据分析工具 Pandas 正在默默无闻地发展壮大。到 2016 年本书写作之时，Pandas 已经完全取代了 R，成为了主流业务中数据分析的必备软件。这样的成功与 Pandas 的设计是密不可分的。这其中有以下两个方面的原因。

- ❑ **取材于 R，超越 R**：Pandas 里处处都有 R 的影子。首先，Pandas 中数据的基本单位是 DataFrame。DataFrame 的基本概念来自于 R，其代表的是一个包含数据的基本单位。DataFrame 中的每一行代表一个观测，每一列代表一个变量，其中变量可以是数值、文本等多种类型，这样的数据结构大大方便了机器学习的准备工作。
- ❑ **优秀的生态对接**：Pandas 具有优秀的对接接口，在与文本文件、HDFS、SQL 等进行读写操作时非常方便。在可视化方面，Pandas 与 MatplotLib 可以说是整合得天衣无缝。最让人称道的是，为了向 R 致敬，Pandas 加入了一项参数，从而可以完全按照 R 的 ggplot 风格进行绘图，另外，Pandas 的底层数据结构也依赖于 Python 生态中主流的 Numpy Array，可以非常方便地调用 numpy、scipy 中已有的模块。

本章将介绍 Pandas 的基本操作。这里主要是利用 Pandas 进行初步数据清理和研究工作，我们也会对数据可视化进行初步介绍。但是对于自动化可视化呈现的工作，现今市面上已经有了更为强大的 ELK（Elasticsearch、Logstash、Kibana）集群，该集群将在第 9 章详细介绍。

3.2 Pandas 的安装

本章节的例子存放在了官方 Github 的空间中，只需要进行以下操作即可获得所有代码和数据：

```
git clone https://github.com/real-time-machine-learning/1-pandas-intro
```

本节内容假设读者是在 Ubuntu 或 Mac 环境下进行学习的，下面的步骤可以供 Windows 用户参考，在实际操作时有可能需要稍作修改。

1. 安装 Python3

在 Ubuntu 下安装 Python3，只需执行下面的命令即可：

```
sudo apt-get install python3 python3-pip python3-dev build-essential
```

在 Mac 下利用 Homebrew 安装 Python3，只需执行下面的命令即可：

```
brew install python3
```

2. 安装 Pandas

这里通过 Python 的 Pip 配置文件来安装 Pandas。我们在后面的 Docker 学习中，将会看到这样的配置方法非常有利于自动化 Docker 操作，安装命令如下：

```
sudo pip3 install -r requirements.txt
```

如果一切顺利，上面的操作完成以后，就可以启动 Python3 并且调用 Pandas 了，命令如下：

```
python3
>>> import pandas as pd
```

3.3 利用 Pandas 分析实时股票报价数据

熟悉一项软件的最好方法就是通过示例来亲自使用它。这里将会通过分析苹果公司 2015 年 8 月 3 日秒级股票价格的数据来熟悉 Pandas 的用法。建议通过 Python 笔记本或交互式窗口的方法来进行下面的操作。

首先，需要导入相关的模块，在导入 Pandas 模块的同时，我们还用到了 Datetime 模块。Datetime 模块的主要功能是对时间、日期等数据进行处理，导入命令如下：

```
import pandas as pd
from datetime import datetime
```

3.3.1 外部数据导入

这里将会导入 2015 年 8 月 3 日苹果公司的秒级股票交易数据，不过，相应的原始数据需要稍做清理才能使用，而这正好符合本章的学习要点。

首先，用 Pandas 的 read_csv 模块直接从 csv 文件中导入数据。原始数据一共有六列，分别存有原始时间戳、每秒开盘价、最高价、最低价、收盘价和成交量信息。可以通过 names 参数将这些名字赋给处理好的数据，导入命令如下：

```
data = pd.read_csv("aapl.csv",
                   names = ["timestamp_raw","Open","High",
                            "Low","Close","Volume"],
                   index_col = False)
print(type(data))
```

上面的 type（data）可以打印出当前数据对象的类。可以看到，这里 data 对象的类名为 DataFrame，是 Pandas 中最基本的数据形态。

导入数据之后，当然还要看看我们最感兴趣的数据长什么样，在交互窗口中打印前 5 行和后 5 行。这里需要用到 DataFrame 的 head 和 tail 函数，命令如下：

```
data.head(5)
data.tail(5)
```

可以注意到记录中的股价数值为原始股价乘以 10000。

原始数据中的时间记录为每天距离格林威治标准时间的秒数乘以 1000，为增加可读性，需要将数据先还原。这里先将 data 对象的索引变为处理后的时间标记，并调用 DataFrame. index 域，示例代码如下：

```
UNIX_EPOCH = datetime(1970, 1, 1, 0, 0)
def ConvertTime(timestamp_raw, date):
    """ 该函数会将原始的时间转化为所需的 datetime 格式 """
    delta = datetime.utcfromtimestamp(timestamp_raw) - UNIX_EPOCH
    return date + delta

data.index = map(lambda x: ConvertTime(x, datetime(2015, 8, 3)),
                 data["timestamp_raw"]/1000)
```

这个时候 timestamp_raw 一列将不再有用，可以删掉它。这里调用了 DataFrame.drop（ ）函数来实现该功能：

```
data = data.drop("timestamp_raw",1)
```

3.3.2 数据分析基本操作

导入数据并做初步清理之后，可以调用 DataFrame 对象的函数对其进行各种基本的修改和描述。DataFrame 的很多操作都是通过调用对象的函数来进行的，具体有哪些函数呢？

可以通过如下 dir（ ）命令来查看：

```
dir(data)
```

经过查看可以得知，大多数的常用函数都已经包含在内了，如 mean（均值）、max（最大值）、min（最小值）。例如，为了求得该数据集每一列的均值，我们可以进行如下操作，求最大值、最小值的操作也与此类似：

```
data.mean()
```

同时还可以调用 describe 函数直接产生常用的描述性统计量，命令如下：

```
data.describe()
```

我们进行数据分析时，往往需要对数据的假设进行检验。例如美股交易时间是从美国东部时间的早上 9:30 到下午 3:30，但是很多主流股票还具有盘前和盘后交易。盘前和盘后交易时间中估价波动较大，成交量较小，对此本书不进行研讨。在进行其他分析之前，我们需要检视一下所有数据记录的时间范围。上面的统计量操作也可以在 data.index 上执行。这里 DataFrame.index 相当于一个 Series 对象，命令如下：

```
data.index.min()
data.index.max()
```

可以看到，交易时间其实包括了盘前和盘后的大量时间。在实际交易策略中，我们往往只会在正常交易时间进行交易，所以需要对数据按照时间进行拆分，只保留正常交易时间的数据，完成该项操作非常容易，命令如下：

```
data_trading_hour = data["201508030930":"201508031529"]
```

3.3.3　可视化操作

进行了简单的数据清理之后，就可以开始进行可视化操作了，首先通过目测的方式来查看数据的分布。Pandas 进行可视化操作需要依赖于 Matplolib 模块，这里首先导入对应的模块，导入命令如下：

```
import matplotlib
from matplotlib import pyplot as plt
```

Matplotlib 自带的画图风格比较僵硬，需要改改，同时为了向 R 致敬，这里设置画图风格为 R ggplot 风，设置命令如下：

```
matplotlib.style.use('ggplot')
```

画图查看每一秒的收盘价。这里只需要对 Series 类的变量调用 plot 函数，即可得到图 3-1 所示的股价走势图，调用命令如下：

```
data_trading_hour["Close"].plot()
plt.show()
```

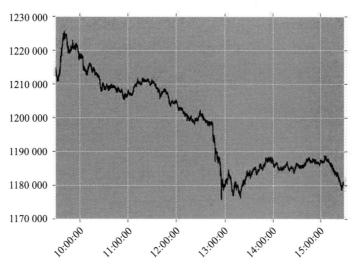

图 3-1　2015 年 8 月 3 日苹果公司股票（AAPL）股价走势（每秒收盘价）

同时，也有人可能对成交量感兴趣。根据格兰杰因果检验等研究，成交量对股价变化也有影响。每秒成交量是什么样的分布？可以通过下面的命令做出直方图。只需要调用 Series 类对象的 plot.hist 函数即可：

```
data_trading_hour["Volume"].plot.hist()
plt.show()
```

直方图画出来之后，读者将会发现大多数观测集中在了较小的范围之内，但是有若干秒的交易量是其他时候的数倍。为了更深入地研究，可以画出时序图做进一步的观察，画时序图的命令如下，得到的图形如图 3-2 所示。

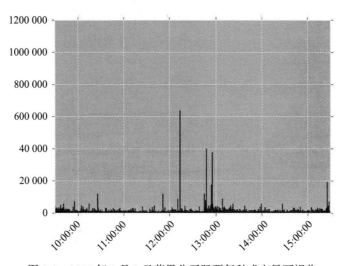

图 3-2　2015 年 8 月 3 日苹果公司股票每秒成交量可视化

```
data_trading_hour["Volume"].describe()
data_trading_hour["Volume"].plot()
plt.show()
```

果然正如我们所假设的，中午时分有大单交易发生。

3.3.4 秒级收盘价变化率初探

当然，对于实时量化交易，我们最感兴趣的还是每秒的变化率。那么下面我们就来看看股价变化的分布情况。为了到相邻时间点股价的变化率，我们可以通过调用 diff 函数来实现，得到的变化率序列也是一个 Series 类对象。就如 3.3.3 节一样，我们可以将变化率可视化，得到图 3-3。调用 diff 函数的命令如下：

```
data_trading_hour["Close"].diff().plot.hist()

plt.show()

change = data_trading_hour["Close"].diff()/data_trading_hour["Close"]
change.plot()
plt.show()
```

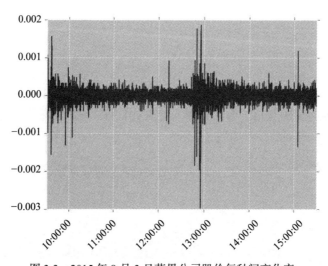

图 3-3　2015 年 8 月 3 日苹果公司股价每秒间变化率

现在回到出发点，我们分析和可视化数据是为了在后文中发掘出可能的量化交易策略。我们常常听说股价会追涨杀跌，在这种模式中的股价会按照趋势继续上涨或下跌。我们也听说过可能会均值反转，在这种模式中的股价会在具有了大幅波动之后回归平均值。那么，秒级数据又有什么样的趋势模式呢？可以通过 shift 函数对时间序列进行错位，并且通过 corr 函数计算两个时间序列之间的相关性系数。绝对值较大的相关性系数代表前后时间中股价变化的相关程度较高；绝对值近乎为 0 则代表前后时间中股票变化相关线性程度低。

shift 函数命令如下：

```
change.shift(1).corr(change)
change.shift(2).corr(change)
```

通过图 3-4 可以看到，前后一秒股价变化率的相关性系数为 −0.167，这样的相关性对于金融数据来说已经非常显著了。但是这一相关性在两秒的间隔之后迅速衰减到了 −0.034，所以这就要求我们的实时交易策略系统必须具有非常低的延迟，才能抓住这样的先机，得到超额的收益。

其实，在时间序列研究中，已经有了一套比较完备的描述性统计量，自相关性（auto-correlation）就是这样一个例子。MatplotLib 的 acorr 函数可以自动对时间序列做出自相关图，acorr 函数的命令如下：

```
plt.acorr(change[1:], lw = 2)
plt.show()
```

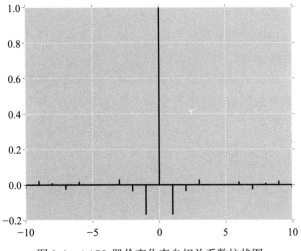

图 3-4   AAPL 股价变化率自相关系数柱状图

图 3-4 所示为 AAPL 股价变化率自相关系数柱状图，其横轴的每个刻度均代表时间序列的错位大小，1 表示时间序列与错位 1 秒的自身进行相关性计算；2 表示时间序列与错位 2 秒的自身进行相关性计算。以此类推。该图纵轴代表计算的相关性系数大小。在错位为 0 时，时间序列和自身完美相关，这里的相关性系数为 1。

从图 3-4 可以看出，苹果公司当天股价变化率的自相关性随着时间错位的增加而递减。前一秒股价变化率和后一秒股价呈负相关关系，这暗示我们在短期股票交易中，股价变化具有均值回归的模式。在均值回归模式中，如果股票出现大幅上涨或下跌，那么在后面的短时间内，可能会出现反向的股价波动，以减弱前期的变化。

3.4 数据分析的三个要点

本书后面的章节中将会以前面发现的均值回归的性质为依托，设计实时机器学习交易策略进行交易。好多读者看到这里可能已经跃跃欲试，等不及要开始搭建服务器开始赚他一个亿了。但是在这之前我们需要总结一下在开展机器学习工作前期关于数据分析的几个原则。

3.4.1 不断验证假设

验证假设是否正确是机器学习前期数据分析最重要的目的。这里的假设包括但不限于：数据的格式、变量的数量、数据是否缺失、是否有极端值、采样是否均衡等。上面这些假设，如果稍有差错，就会让在后面得到的机器学习模型无用武之地。

与此同时，我们通过数据清理得到的结果也需要经过假设验证以保证数据的完整性。最后，在实时应用中，我们往往需要考虑如下这些情况。

- ❏ **极端值**：线下建模往往都会在第一步就过滤掉极端值，但是在实时环境中，极端值是客观存在的。
- ❏ **缺失值**：再优秀的系统也有宕机出错的时候，这个时候缺失值的出现就要求系统具有灵活的错误处理能力。
- ❏ **延迟**：本章练习数据的时间戳是交易所时间，还是到达客户端服务器的时间？任何网络延迟都可能让我们的模型不再有效。多问这样的问题在进行快速机器学习应用的时候显得尤为重要。

3.4.2 全面可视化，全面监控化

为了连续验证假设，我们必须自动化数据的监控和可视化。一个完备的实时机器学习系统至少需要以下两个部件。

- ❏ 实时关键数据可视化：通过实时面板对关键数据进行可视化，让操作人员能够一目了然地判断系统和数据的健康情况。
- ❏ 实时诊断监控：通过规则设定，对异常情况进行实时判断和报警。

本书的系统架构章节（第9章）将介绍如何利用 ELK（Elasticsearch、Logstash、Kibana）集群实现实时数据监控。

第 4 章 *Chapter 4*

机器学习工具 Scikit-learn

4.1 如何站在风口上？向 Scikit-learn 学习

假设一个技术开发人员能够健康工作 50 年，这期间每 10 年他都会遇到一次技术的更新换代，那么一个技术人员的职业生涯里，至少会有 5 次需要更换自己的主要工具[⊖]。而数据分析、建模的工具，会随着技术的革新而不断改变。如果能看准技术的前进方向，就能让自己站在风口上，走在时代的最前沿。

在机器学习领域，Scikit-learn 是当前最流行的机器学习建模和分析软件之一，它基于 Python 实现，在本书写作的时候已有成千上万的用户。2012 年 Scikit-learn 还是默默无闻的一款小众软件，其为什么能在 2016 年一跃成为机器学习最主流的工具呢？笔者作为在该领域摸爬滚打的"老司机"，想先跟大家探讨一下这个问题。

让我们时钟倒转，回到 2012 年。这一年发生了很多"大事"：例如两位笔者中的彭河森博士毕业；汪涵为追求理想，从对冲基金跳槽，两人都到了亚马逊，一见如故成了"好基友"，于是后面才会有这本书的撰写合作。2012 年机器学习软件的格局是怎么样呢？总结成一句话就是诸侯割据，但都不成气候。机器学习软件界，可以分为如下三大阵营，下面我们就来逐个分析。

4.1.1 传统的线下统计软件 R

这个阵营以 SAS、R、MatLab 等软件为代表，主要用户是统计、数学、物理等理论领域出身的技术人员。这些软件生态里面，具有最先进的方法论软件包，一般统计界最新的

⊖ 当然，有些优秀的工具，如 Emacs，是亘古不变的。

方法论都会作为 R 软件包分享给大众。

传统统计软件界拘泥于线下分析。首先 SAS 和 MatLab 都是商业软件，如果上线运行需要按照使用数量支付昂贵的版权费，从根本上就不适合大规模的工业化应用。R 是基于 Insightful 公司的 S 语言编写的，其在性能上优于商业版的 S-plus，起初具有最好的势头。

可惜 R 在设计之初留下了很多病根，再好看的统计方法，在实际应用中若无法落地那就无发展前景可言。R 的包管理一直是一个令人非常头疼的问题，首先在生产环境中运行 R，就需要安装 C、C++、Fortran 等多个编译器，如果涉及画图等一些高级功能，则还需要不断安装 libpng、libgraphicviz 等二进制代码包，甚至还包括 Java 和 Python。在一台机器上能够成功运行的程序，往往拿到另外一台机器上就会因为缺乏安装包而无法运行。为了解决这样的问题，采用 R 做初始数据分析的组织往往会在线下用 R 建模，等模型成熟以后，再用 Python、Java 等生产环境语言将整个建模过程重新实现一次。这样的过程会浪费研发人员大量的精力。

若无法解决工业化运行的问题，则将直接导致本来蒸蒸日上的 R 被边缘化。后来 Docker 的出现从一定程度上解决了配置的难题，但是也没有挽回 R 被日益边缘化成为和 Excel 并列的画图工具的势头。虽然在本书写作的时候，R 的发展仍然非常迅猛，也出现了如 Rserver、shiny 等平台化产品，但是其主要应用场景更多的是在数据分析、报表呈现领域。R 已经不再能够解决工业化的问题。

从这个案例中也可以看出，一个好的工具软件，不管它有多么强大，也一定要接地气，要能够自动化部署运行。

4.1.2 底层软件黑盒子 Weka

2012 年左右 Hadoop 等平台正开始盛行，这个时候出现了一批以 Java、C 等语言为基础的软件包，其中最受关注的有以下几个。

- ❏ Weka：基于 Java 实现，由 Java 原生编写而来，虽然名不见经传，但是在工业场景中"闷声发大财"，得到了广泛的应用，另外 Weka 支持 PMML 标准，线下通过 Python 等软件建模的模型也可以在线上通过 Weka 来运行。这一功能直接促使 Weka 成为亚马逊、雅虎等众多老牌门户网站的看家法宝。
- ❏ Mahout：Mahout 是一套基于 Java 实现的在 Hadoop 上运行的软件包。自发布初期以来，Mahout 一直因为 Hadoop 运行效率太低为人所诟病，在基于 Spark 的 MLLib 出现以后，其很快就取代了 Mahout。
- ❏ C 语言工具系：这一大类大多是经验丰富的老牌机器学习专家编写的软件包，例如 Volpal Wabbit、libsvm 等。这些优秀的软件包后来逐渐被 Python、R 等工具所吸纳，成为了高级语言的一部分，而不需要用户直接与之进行交互。

上面提到的几个软件都很少具有完备的用户界面，建模操作往往需要通过命令行或

Java 来进行，模型可视化也要借助于其他软件。尽管如此，时至今日仍然有不少公司还在使用它们。可见，只要实用，界面再简陋也都有人用。

4.1.3 跨界产品 Scikit-learn

从上面的介绍中，我们可以得知：一个优秀的工具软件，一方面需要紧扣实际，另外一方面最好能具有数据分析的基本功能，Python 就是这样的软件。Scikit-learn 成为机器学习的最主流软件具有一定历史必然性。

- ❑ 长期积累：早在 Scikit-learn 出现之前，Python 就已经积累了大量的数值计算工具软件包，如 Numpy、Scipy。这些软件包日后都成了 Scikit-learn 的发展基础。基于这些成熟的软件包，新软件包的开发人员可以在高层直接进行开发，这点大大提高了迭代效率。

- ❑ 大牌构建生态：说及 Scikit-learn 的开发历史，必然会提到谷歌。早在 2007 年，谷歌就通过 Google Summer of Code 项目资助过该项目的开发。后来从 2011 年起，谷歌连续每年都资助该项目的开发。有了谷歌扛大旗，数以千计的开发人员都投身于该项目中来，促使 Scikit-learn 的发展日益扩大。

- ❑ 紧扣实际：Scikit-learn 项目自始至终都没有脱离 Python 生态的怀抱。这让基于该平台开发的任何算法都可以快速上线。另外，由于 Python 可以很自然地与底层 GPU 等硬件进行通信，因此在深度学习得到大力发展之后，Scikit-learn 的发展又得到了巨大的提升。与此对比，基于 Java 的软件，如 MLLib，由于 JVM 的阻隔难以直接与 GPU 进行通信，因此其在深度学习的大潮中慢慢地处于了下风。

4.1.4 Scikit-learn 的优势

综上所述，上面提到的开发流程主要可以用图 4-1 来进行对比。图 4-1a 为线下建模、验证，之后又用生产语言再次开发部署的流程。图 4-1b 为采用 Scikit-learn 进行建模、验证，并且直接进行部署的流程。如果采用 R、MatLab 等语言进行线下建模，那么在进行线上部署的时候往往需要通过二次开发为生产环境再次编写代码。这样的流程不但浪费时间，还很容易引入漏洞，且难以排错。在使用了 Scikit-learn 等开发工具以后，开发流程简化为图 4-1b 所示的模式，直接大大缩短了开发周期，减少了出错的几率。

笔者之一的彭河森也是统计科班出身，从 2005 年就开始写 R，并为 R 社区贡献了多个软件包，在 2012 年以后，其开始转向 Python 平台的机器学习软件使用。可以想见，Scikit-learn 的兴起具有一定的历史的必然性。由于其开源的特性，以及优良的系统结合能力，笔者认为该软件将是未来 10 年机器学习领域的平台软件。在后面的 RabbitMQ 等章节里面，将带大家领略 Scikit-learn 与实时机器学习系统架构及 Python 数据分析生态的完美结合。

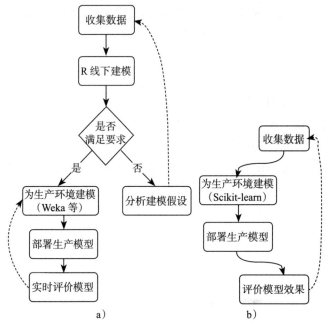

图 4-1 开发周期对比

4.2 Scikit-learn 的安装

本章的例子都存放于官方 Github 空间中，只需要通过以下链接即可获得所有的代码和数据：

```
git clone https://github.com/real-time-machine-learning/2-scikit-learn-intro
```

本节假设读者是在 Ubuntu 或 Mac 环境下进行学习的。下面的步骤仅供 Windows 用户参考，但在实际操作时可能需要稍作修改。

1. 安装 Python3
在 Ubuntu 下安装 Python3，只需要执行下面的操作即可：

```
sudo apt-get install python3 python3-pip python3-dev build-essential
```

在 Mac 下利用 Homebrew 安装 Python3，只需要执行下面的操作即可：

```
brew install python3
```

2. 安装 Scikit-learn
这里通过 Python 的 Pip 配置文件的方法安装 Scikit-learn。在后面的 Docker 学习中，可以看到这样的配置方法非常有利于自动化 Docker 的操作：

```
sudo pip3 install -r requirements.txt
```

如果一切顺利，完成上面的操作以后，就可以启动 Python3，并且调用 Pandas 了，命令如下：

```
python3
>>> import sklearn
```

4.3 Scikit-learn 的主要模块

截至本书写作之时，Scikit-learn 已经包含了数十个功能强大的模块，涵盖了基本的机器学习建模、数据的处理、变量选择、模型自动化等多个方面。本节将按照用途对这些模块进行分类，以做介绍。同时本节还会介绍机器学习研究中常用的一些数据集，建议大家仔细阅读。

4.3.1 监督式、非监督式机器学习

现今主流的监督式机器学习和非监督式机器学习包都已经包含在了 Scikit-learn 中。由于其模块使用方法非常标准化，因此这里统一采用表的形式对其进行介绍。表 4-1 中列出了现今常用的 Scikit-learn 机器学习模块[⊖]。

这些模块中的功能都非常强大，不少相关图书已经对其进行了非常完备的介绍，这里就不再赘述了。

那么，如何知道每个模块都有什么样的功能呢？通常有如下两个方法。

1. 查阅 API

可以通过查阅 Scikit-learn 最新的 API 文档来获得最新的功能列表。例如通过查阅 http://scikit-learn.org/stable/modules/classes.html#module-sklearn.neural_network，可以了解到 sklearn.neural_network 包中含有 BernoulliRBM（伯努利限制性玻尔兹曼机）、MLPClassifier（多层神经网络分类器）、MLPRegressor（多层神经网络回归）三大模块。

表 4-1 Scikit-learn 中包含的机器学习模块

模块名称	模块内容	机器学习类别
sklearn.cluster	聚类分析	非监督式机器学习
sklearn.manifold_learning	流形分析	非监督式机器学习
sklearn.decomposition	矩阵分解	非监督式机器学习
sklearn.emsemble	集成算法	监督式机器学习
sklearn.gaussian_process	高斯过程	监督式机器学习
sklearn.linear_model	广义线性模型	监督式机器学习
sklearn.mixture	高斯混合模型	监督式机器学习

⊖ 最新的列表可以通过查询 Scikit-learn API http://scikit-learn.org/stable/modules/ classes.html 来获得。

（续）

模块名称	模块内容	机器学习类别
sklearn.naive_bayes	朴素贝叶斯	监督式机器学习
sklearn.neighbors	最近邻估计	监督式机器学习
sklearn.neural_network	神经网络	监督式机器学习
sklearn.tree	决策树	监督式机器学习

2. 命令行查阅

也可以通过命令行查阅当前安装模块中的具体内容。例如，我们想要了解决策树模块的具体内容，可以进行如下操作：

```
>>> from sklearn import tree
>>> dir(tree)
['DecisionTreeClassifier', 'DecisionTreeRegressor',
'ExtraTreeClassifier', 'ExtraTreeRegressor',
'__all__', '__builtins__', '__doc__', '__file__',
'__name__', '__package__', '__path__', '_criterion',
'_splitter', '_tree', '_utils', 'export',
'export_graphviz', 'tree']
```

从命令行的输出可以看到，Scikit-learn 的决策树模块中包含了 DecisionTreeClassifier（决策树分类器）、DecisionTreeRegressor（决策树回归）、ExtraTreeClassifier（随机分叉树分类器）、ExtraTreeRegressor（随机分叉树回归）。同时还可以注意到 export_graphviz 模块，该模块可以用于可视化决策树模型。

4.3.2 建模函数 fit 和 predict

监督式机器学习的方法层出不穷，但是进行监督式机器学习训练的模式却几乎永远都是一样的。总的来说，首先我们都需要训练模型，然后用模型对感兴趣的数据进行回归或分类，Scikit-learn 的作者早就意识到了这一点。因此，所有监督式机器学习的模块都有两个通用的函数：fit（训练模型）和 predict（预测）。

下面以机器学习中最经典的 MNIST 手写数字数据为例来探讨 fit/predict 建模模式[⊖]。MNIST 手写数字数据收集创建于 1998 年，其中包含 10,992 个 0～9 数字手写图片样本，图 4-2 中列出了一些样本。

每个观察包含图片为灰度扫描矩阵转化而来的向量，并且配有相应数字的标签。对 MNIST 手写数据进行分类的任务就是，根据扫描图像数据，判断实际数字到底是 0 到 9 中的哪一个。下面的这段代码是利用逻辑回归对图像进行分类（本段代码也在本章的示例程序中 https://github.com/real-time-machine-learning/2-scikit-learn-intro/blob/master/digits-linear-regression.py）：

⊖ MNIST 的官方介绍地址 https://archive.ics.uci.edu/ml/datasets/Pen-Based+Recognition+ of+Handwritten+Digits。

```
from sklearn import datasets
from sklearn.linear_model import LogisticRegression
digits = datasets.load_digits()
X_digits = digits.data
y_digits = digits.target
n_samples = len(X_digits)
X_train = X_digits[:.9 * n_samples]
y_train = y_digits[:.9 * n_samples]
X_test = X_digits[.9 * n_samples:]
y_test = y_digits[.9 * n_samples:]
model = LogisticRegression()
## 训练模型
model.fit(X_train, y_train)
## 进行预测
prediction = model.predict(X_test)
score = model.score(X_test, y_test)
print(score)
```

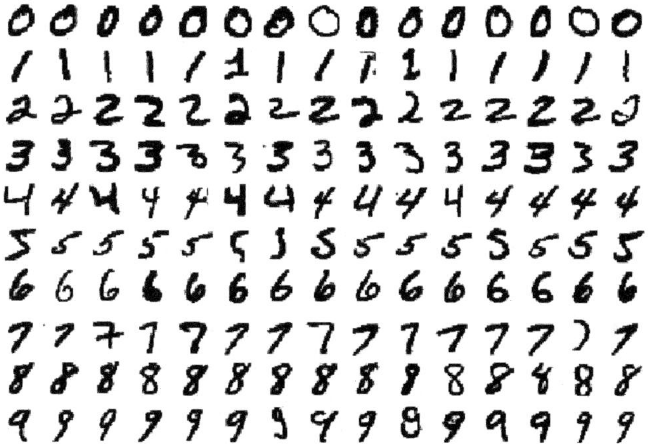

图 4-2　MNIST 手写数字分类样本图片

同样的道理，我们也可以采用 K- 近邻的方法对图像进行分类，可以看到下面的代码与前面采用逻辑回归的代码是高度相似的（本段代码也在本章示例程序之中 https://github.com/real-time-machine-learning/2-scikit-learn-intro/blob/master/digits-knn.py）。

上面两个方法的转换，只是改变了 model 变量的类而已，两个方法都用了 fit 函数进行模型训练，也都采用了 predict 函数进行预测，这种方法非常便于在实战中进行模块化操作，示例代码如下：

```
from sklearn import datasets
from sklearn.neighbors import KNeighborsClassifier
digits = datasets.load_digits()
X_digits = digits.data
y_digits = digits.target
n_samples = len(X_digits)
```

```
X_train = X_digits[:.9 * n_samples]
y_train = y_digits[:.9 * n_samples]
X_test = X_digits[.9 * n_samples:]
y_test = y_digits[.9 * n_samples:]
model = KNeighborsClassifier()
## 训练模型
model.fit(X_train, y_train)
## 进行预测
prediction = model.predict(X_test)
score = model.score(X_test, y_test)
print(score)
```

同样的道理，对于非监督式学习，不同的模型在具体操作模式上基本是类似的，Scikit-learn 的作者也意识到了这个特点，所以 sklearn.cluster.KMeans 等模块也遵从 fit/predict 模式，进行非监督式学习。

4.3.3　数据预处理

模型训练是如此简单和常规化，应用机器学习的从业人员 80% 以上的建模时间都是在进行数据预处理。现在，机器学习能用到的数据形式特别多，从文字、图像，到数字、类别，都可以成为机器学习所用的数据。如果读者有幸能够阅读一些历史悠久公司的自动化机器学习代码，就会发现建模程序中的大量长度都用于了数据预处理。

表 4-2　数据处理的几个方面及 sklearn.preprocessing 中对应的模块

处理任务	对应模块
对缺失值进行补全	Imputer
对数值变量进行转换	FunctionTransformer, Normalizer, RobustScaler
对变量进行离散化	LabelBinarizer, Binarizer, OneHotEncoder
产生多项式特征数据	PolynomialFeatures

数据预处理的任务主要包含数据的缺失处理、标准化等操作。表 4-2 包含了所有预处理的模块。同时，Scikit-learn 也对数据预处理的操作进行了标准化，当然，也是遵从 fit/transform 模式的。

（1）fit（适配数据）

首先对数据进行初步分析，自动化解析出所需的参数。比如 Normalizer 通过这一函数对数据的基本统计量进行计算。当然，对于 PolynomialFeatures 等模块，这一函数不会执行任何操作。

（2）transform（转化数据）

这一函数对数据进行了具体的转化。

与此同时，Scikit-learn 还对图像、文字等数据准备了专门的处理模块，这些功能主要包含在 sklearn.feature_extraction 模块中，在此就不再赘述了。

4.3.4　自动化建模预测 Pipeline

实际应用中监督式机器学习程序往往需要经过复杂的数据预处理和模型预测两个步骤。这样写出来的代码往往会包含多个步骤，支离破碎，难以读懂，而且更加难以维护。为此 Scikit-learn 开发出了非常方便的 Pipeline 工具，将数据预处理、整合、建模、预测等步骤轻而易举地结合在了一起。最后得到的结果将是一个非常易于使用的模型及其数据处理模块。

下面就用一个例子来进行详细说明。鸢尾花（Iris）分类数据是机器学习界中另一个经典的数据集合⊖。鸢尾花数据中包含了 150 株鸢尾花的花瓣长度、宽度和花托长度、宽度。另外鸢尾花分为 Setosa，Versicolour，Virginica 三个亚种，如图 4-3 所示。鸢尾花分类数据的任务就是利用花瓣花托数据判断其亚种分类。这里将用 Pipeline 来完成建模工作，这部分代码可以从下面的地址来获得 https://github.com/real-time-machine-learning/2-scikit-learn-intro/blob/master/iris-pipeline.py 。

图 4-3　鸢尾花的三类亚种

首先需要导入所需的模块：

```
from sklearn.pipeline import Pipeline, FeatureUnion
from sklearn.svm import SVC
from sklearn.datasets import load_iris
from sklearn.decomposition import PCA
from sklearn.feature_selection import SelectKBest
from sklearn.externals import joblib
```

Scikit-learn 已经自带常用的鸢尾花数据，我们可用下面的命令来导入它们：

```
iris = load_iris()
X, y = iris.data, iris.target
```

然后，对数据进行预处理。这里将会加入预处理模块，而暂时不会对数据进行直接操作。这里的数据预处理包含了如下两个部分。

❏ 对花瓣、花托数据进行主成分分析、取得最显著的两项主成分。这样操作是鉴于花
　瓣、花托的长宽具有较大的相关性，通过主成分分析预处理，可以降低预测自变量

⊖　官方数据介绍地址为 https://archive.ics.uci.edu/ml/datasets/Iris

的维度。

❑ 对花托、花瓣长宽数据和分类数据进行单变量因子分析，选取最为显著的数据。 这
样操作可以保留其中和分类最为线性相关的数据。

最后再用 FeatureUnion 模块将上面的预处理结果整合起来，示例代码如下：

```
pca = PCA(n_components=2)
selection = SelectKBest(k=1)
combined_features = FeatureUnion([("pca", pca),
                                  ("univ_select", selection)])
```

最后，再用 SVM 分类器模块对鸢尾花进行分类：

```
svm = SVC(kernel="linear")
```

注意到目前为止，我们一直致力于加入所有建模分类所需的模块，而没有碰到过实际
的数据。最后，将上面所属的所有模块都整合在 Pipeline 中，并对 Pipeline 进行统一建模训
练。示例代码如下：

```
pipeline = Pipeline([("features", combined_features), ("svm", svm)])
pipeline.fit(X,y)
```

模型训练好了之后，就可以直接利用训练好的 Pipeline 进行预测了，非常方便。同时，
训练好的 Pipeline 也可以被保存导出，用于生产环境中：

```
pipeline.predict(X)
joblib.dump(pipeline,'iris-pipeline.pkl')
```

4.4 利用 Scikit-learn 进行股票价格波动预测

相信通过第 3 章的学习，大家已经非常期待 Scikit-learn 在股票数据中的表现了。本章
将会继续第 3 章的例子，对秒级股票数据预测进行研究。在第 3 章的实例中，我们注意到
了相邻两秒之间股票报价的变化率是呈负相关关系的，这也暗示我们秒级股票报价可能是
具有价值回归的特点的。毕竟一个公司的价值很少会在一秒钟之间发生剧烈的变化，所以
如果股票价格发生大幅波动，在波动之后的短时间内，其价格可能会恢复到原先所具有的
水平。我们能否利用这样的性质进行建模预测，并且得到超额收益呢？下面就来拭目以待。

首先导入相关模块，并且将 matplotlib 的作图风格设置为 ggplot 模式，示例代码如下：

```
import pandas as pd
import numpy as np
from sklearn.preprocessing import Imputer, PolynomialFeatures
from sklearn.pipeline import Pipeline, FeatureUnion
from sklearn.linear_model import LinearRegression
from sklearn.metrics import r2_score, median_absolute_error
from timeseriesutil import TimeSeriesDiff, TimeSeriesEmbedder, ColumnExtractor
import matplotlib.pyplot as plt
```

```
import matplotlib
matplotlib.style.use('ggplot')
```

4.4.1　数据导入和预处理

继续采用第 3 章所述的方法，利用 pandas 的 read_csv 模块导入外部数据，示例代码如下：

```
data = pd.read_csv("aapl-trading-hour.csv",
                   index_col = 0)
```

时间序列建模数据和一般数据有所不同。一般数据往往会假设不同观测点之间是独立同分布的。而时间序列数据中，不同时间节点的数据往往都具有相关性，所以我们不能随机地筛选训练和测试数据集。为此，我们往往会按照时间戳对样本进行划分，将先发生的数据作为训练集，将后发生的数据作为测试集。

下面的代码就完成了上述的划分：

```
y = data["Close"].diff() / data["Close"].shift()
y[np.isnan(y)]=0
n_total = data.shape[0]
n_train = int(np.ceil(n_total*0.7))
data_train = data[:n_train]
data_test = data[n_train:]
y_train = y[10:n_train]
y_test = y[(n_train+10):]
```

同时，我们可以注意到，这里是以全天前 70% 的数据作为训练集，后面的数据作为测试集的。此外，我们还准备用每一时刻前 10 秒的成交量和报价数据对后 1 秒的股价变化进行预测。

4.4.2　编写专有时间序列数据预处理模块

前面介绍 Scikit-learn 包含了丰富的数据预处理模块。如果有需要，我们怎么样才能加入自己需要的专有模块呢？其实很简单，在 timeseriesutil.py 文件中加入三个时间序列建模专用模块。在本书写作的同时，笔者与 Scikit-learn 的作者取得了联系，得知这些模块可能会被加入到 Scikit-learn 中，成为官方模块。

1. 从 Pandas DataFrame 中抽取特定列

Scikit-learn 设计之初是假设所有自变量都已经整理好并放在一个矩阵中，矩阵中的所有元素都是数值。Scikit-learn 还假设所有自变量的来源都是单一的，所有预处理工作都可以直接应用在所有自变量上。

这样的假设在大规模应用之后显然已经不成立了。例如我们往往会采用 Pandas 数据表 DataFrame 作为建模预测的自变量集合，而且数据表中每个列的类型都可能不一样，需要进行的处理也不一样。

这样我们就需要有模块可以从数据来源（Pandas 数据表）中抽取所需要的列。下面的 ColumnExtractor 模块就可以从每个 Scikit-learn 数据表中抽取对应的列，以供后续操作：

```
class ColumnExtractor(BaseEstimator, TransformerMixin):
    def __init__(self, column_name):
        self.column_name = column_name
        def fit(self, X, y=None):
        return self
    def  transform(self, X, y=None):
        return X[self.column_name]
```

2. 对时间序列进行差分

对时间序列进行差分是时间序列建模的一个基本操作，差分操作试图求得相邻 k 个时间段数值之差。通过差分，往往可以得到变化率等数据。据此这里可以得到 TimeSeriesDiff 模块：

```
class TimeSeriesDiff(BaseEstimator, TransformerMixin):
    def __init__(self, k=1):
        self.k = k
    def fit(self, X, y=None):
        return self
    def transform(self, X, y=None):
        if type(X) is pd.core.frame.DataFrame or type(X) is pd.core.series.Series:
        return X.diff(self.k) / X.shift(self.k)
        else:
        raise "Have to be a pandas data frame or Series object!"
```

3. 将时间序列转换为列表模式

我们要对时间序列进行自回归操作，往往需要将数据转换为常规监督式学习中列表的模式。这里列表中的每一行均代表每个时间点之前若干秒所能得到的所有数据。这样的转换称为时间序列嵌入（embedding）。我们可以很容易地定义下面这样的嵌入函数：

```
def embed_time_series(x, k):
    n = len(x)
    if k >= n:
        raise "Can not deal with k greater than the length of x"
    output_x = list(map(lambda i: list(x[i:(i+k)]),
                        range(0, n-k)))
    return np.array(output_x)
```

也可以很简单地将上面的函数模块化，得到 TimeSeriesEmbedder 模块：

```
class TimeSeriesEmbedder(BaseEstimator, TransformerMixin):
    def __init__(self, k):
        self.k = k
```

```
def fit(self, X, y= None):
    return self
def transform(self, X, y = None):
return embed_time_series(X, self.k)
```

4.4.3　利用 Pipeline 进行建模

模块都准备好了之后，我们只需要将所有的模块都整合起来，形成一个 Pipeline，即可进行建模训练和预测了。下面的代码中，我们建立了名为 Pipeline 的对象，其中包含四个预处理步骤和一个预测步骤。

进行预处理步骤时，首先会从数据来源中抽取每秒收盘价（ColumnExtractor），然后会对收盘价进行差分，得到变化率（TimeSeriesDiff），并且将变化率结果整理成列数为 10 的矩阵（TimeSeriesEmbedder），由于要进行差分操作，因此会在因变量中引入一个缺失记录，不过，可以用 Imputer 模块对其进行补全。之后，即可通过线性回归对未来变化率进行预测：

```
pipeline = Pipeline([("ColumnEx", ColumnExtractor("Close")),
                     ("Diff", TimeSeriesDiff()),
                     ("Embed", TimeSeriesEmbedder(10)),
                     ("ImputerNA", Imputer()),
                     ("LinReg", LinearRegression())])
```

只需要如下两行代码即可通过 Pipeline 训练模型获得结果：

```
pipeline.fit(data_train, y_train)
    y_pred = pipeline.predict(data_test)
```

4.4.4　评价建模效果

建模预测的效果怎么样？我们可以通过统计量和实际业务效果两方面来进行评价。

统计量方面，我们可以通过 R^2 来判断预测结果对实际变化的解释情况（r2_score），示例代码如下：

```
print(r2_score(y_test, y_pred))
>>> 0.0337101433762
```

可以看到在波动变化中，模型只解释了 3% 的变化。但是不要气馁，在高频交易中，每一笔交易的利润往往都会很小，但是只需要长期交易，积少成多，就会有显著的超额收益。

通过下面的代码，我们可以求得每一笔交易的理论收益 cc 和累计收益 cumulative_return：

```
cc = np.sign(y_pred)*y_test
cumulative_return = (cc+1).cumprod()
cumulative_return.plot()
```

```
plt.show()
```

从图 4-4 中可看出，采用该策略可能的累计收益还是非常可观的，在当日实现了 7.6% 的理论收益。

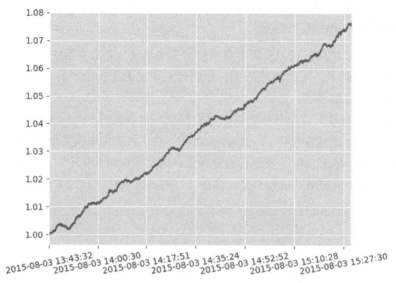

图 4-4 利用简单线性模型对苹果股价变化进行预测的理论收益

4.4.5 引入成交量和高维交叉项进行建模

前面是利用股票报价的变化进行做自回归，对未来股票价格变化进行预测。已有计量经济学文献证明，成交量和股价变化也是具有显著性关系的。本节将会引入成交量数据作为预测因子之一。与此同时，股价变化各因子之间往往会具有非线性关系，为此，我们引入高阶变量进行预测。

因为这里需要引入成交量和历史报价变化率两个因子，所以需要建立两个 Pipeline 分别对其进行预处理。

下面历史报价变化 Pipeline 沿用了 4.4.4 节中收盘价的 Pipeline，示例代码如下：

```
pipeline_closing_price = Pipeline([("ColumnEx", ColumnExtractor("Close")),
                                   ("Diff", TimeSeriesDiff()),
                                   ("Embed", TimeSeriesEmbedder(10)),
                                   ("ImputerNA", Imputer())])
```

可采用类似的方法建立成交量变化 Pipeline：

```
pipeline_volume = Pipeline([("ColumnEx", ColumnExtractor("Volume")),
                            ("Diff", TimeSeriesDiff()),
                            ("Embed", TimeSeriesEmbedder(10)),
                            ("ImputerNA", Imputer())])
```

现在，利用 FeatureUnion 模块来整合前面两个 Pipeline，可得到所有自变量合集：

```
merged_features = FeatureUnion([("ClosingPriceFeature", pipeline_closing_price),
                                ("VolumeFeature", pipeline_volume)])
```

自变量合集 merged_features 仍然可以得到处理，这里可以通过 PolynomialFeatures 模块加入成交量和报价变化之间的交叉项和二阶项自变量：

```
pipeline_2 = Pipeline([("MergedFeatures", merged_features),
                       ("PolyFeature",PolynomialFeatures()),
                       ("LinReg", LinearRegression())])
```

对于 pipeline_2 对象，我们可以调用 fit 和 predict 函数对其进行训练和预测，所得的理论累计收益如图 4-5 所示。从图 4-5 中可以看到，引入成交量和高阶项自变量的模型所得到的结果，比简单的线性回归更为优秀，而且回撤也得到大大降低。

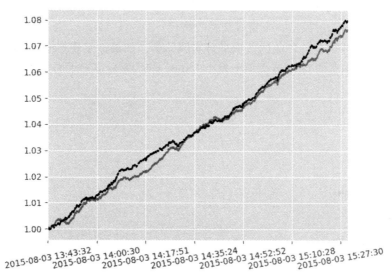

图 4-5　利用更新后的预测模型对苹果股价变化进行预测的理论收益

4.4.6　本书没有告诉你的

前面通过对苹果公司股票秒级报价的预测，我们学习了 Scikit-learn 的各种主要模块。在本书写作之时，Scikit-learn 仍然处于活跃的开发过程中，笔者也与其作者进行了交流，且在本书完稿之后会试图对其贡献一些代码。Scikit-learn 的开发框架非常灵活，因此我们在此鼓励有能力的读者也可以为其提意见或贡献代码⊖。

相信很多读者看到这里都会对高频交易、量化金融等领域产生极大的兴趣。我们需要告诫读者，这里只是进行了理想环境下的建模，交易成本、交易数据失真、竞争对手操作

⊖　Scikit-learn 官方 Github 地址：https://github.com/scikit-learn/scikit-learn/。

等情况都没有考虑进去。如果需要用高频自动化交易盈利，以上都是必须要考虑的因素。由于本书的着力点在机器学习上，实时交易的问题就留待以后有机会再分享了。我们利用已有的数据，提出好下几个问题供读者考虑。

❑ 数据延迟测试：利用上面训练好的 Pipeline，进行一次预测需要多长时间？在笔者之一彭河森的电脑上需要 0.02 秒（20 毫秒），在你的电脑上需要多长时间？有什么办法可以让这样的运算变得更快吗？ Scikit-learn 给出了一些加速运算的方法（http: // scikit-learn.org/stable/modules/computational_performance.html）。

❑ 数据失真测试：在训练和测试数据集上面，我们都使用了每秒报价的收盘价。但是实际上一秒钟时间内的报价可能有很多种，如果我们根据每秒的开盘、收盘、最高、最低价格随机产生一些数据，重新训练和测试模型，仍然会得到优良的结果吗？

❑ 交易策略：交易策略是实际盈利的关键，我们限于篇幅没有进行讨论。当我们连续预测正确或预测失误的时候，是否需要进行熔断，停止交易？能否基于上面预测的结果，建立第二层模型，来指导交易的执行？

我们鼓励大家利用各行各业的数据进行实践体会，如果你发现 Scikit-learn 给你的工作带来了方便，请在本章的 Github 页面上发个 Issue，与大家分享一下心得体会⊖。

⊖ https://github.com/real-time-machine-learning/2-scikit-learn-intro/issues。

第 2 部分 *Part 2*

实时机器学习架构

Chapter 5 第 5 章

实时机器学习架构设计

5.1 设计实时机器学习架构的四个要点

做计算机技术开发的人往往会醉心于程序的实现，对于系统架构的设计，大多是到了实现后期才会意识到。实际上，系统设计的合理性会直接影响到后期开发上线的工程量，是决定管理人员成就感、使用人员满意感和开发人员幸福感的关键性因素。

在进行实时机器学习架构设计时，需要注意以下几个方面。

1. 数据通量和存量估计

对实时机器学习系统的容量估计主要包含通量和存量两个方面。通量代表每单位时间中系统需要处理的数据量，往往以 QPS（Query Per Second，每秒请求数）来进行衡量。与此同时，在复杂机器学习建模和数据处理过程中，我们必须对存留在系统中的数据存量进行估计，比如数据库中每个表单的大小、存留在实时数据处理队列中的数据量多少、更新模型所需要的数据量等。

2. 响应延迟

能否在需要的时间内对请求进行回应是实时机器学习系统是否成功的关键。电商、金融、网游等领域对于响应延迟均具有严格的要求。某全球电商机构曾经做出过估计，网页相应每延迟 100 毫秒，公司年收入就减少上千万美元。与此同时，物流、票务等领域虽然对实时数据处理也有需求，但是对延迟的要求就没有这么严苛，往往上一秒甚至分钟的延迟都是在可接受的范围之内的。

3. 和已有其他系统之间的关系

在现实环境下，计算机架构很少会独立于其他系统而存在。在设计一个实时机器学习服务的时候就需要将已有的系统考虑进来。需要考虑的方面具体如下。

❏ 对已有系统和基础设施的依赖，这决定了新系统的稳定性及响应时间的长短。

❏ 如果新的实时机器学习系统将会取代老系统，那么我们还需考虑迁移的难度和可行性。现今很多公司的老旧系统都装载着公司从创始之初积累下来的最重要的数据。从陈旧老系统里面迁移数据到新系统里面，难度往往会随着时间的推移而不断加大；过了某个临界点，往往就会无法迁移，那么只能不断聘人维护老旧系统，而专门为其开发专有机器学习环境。笔者供职过的几个企业或多或少都遇到过这样的问题。

4. 系统带来的意义

不管是大型企业还是小型初创公司，弄清实时机器学习架构的实现意义往往是最重要的一点。这个架构能否为组织带来收益？这个架构已经耗时两个星期了，还需要三个星期的投入，继续下去是否有意义？在投入大量时间、金钱和人力实现一个机器学习项目时，其设计和开发人员往往会受到来自于同事、上级、甚至家人的不断质疑。明白自己研发的系统将能带来的意义，并且熟记于心，才能不停地画好大饼，说服领导、同事继续支持自己的工作。同时只有拥有强大的意志力，不忘自己的初心，才能将一个系统做好，达成最初的愿望。

对于很多组织来说，在上马一个实时机器学习处理系统的时候，上面的四点问题可以进行一次深刻的架构分析讨论。这对项目的进行和细节的沟通具有重要的意义。

本章着重讲述的是系统架构基础。按照使用场景和拓扑结构总结起来，实时机器学习系统主要分为三种，分别是瀑布流架构、并行前端架构和实时更新混合架构，5.3 节会对此进行详细介绍。这里将按照适用场景和主要成分进行介绍。

5.2 Lambda 架构和主要成员

通过对实时机器学习和数据处理架构多年工作经验的总结，现今计算机应用界已经将实时架构总结为 Lambda 架构这样一个概念。Lambda 取源于希腊字母 λ，在计算机编程语言中往往对应着面向函数编程语言中的未命名函数。面向函数编程（如 Clojure、Scala 等）中的未命名函数具有无状态性的特点，这些函数不会因为处理数据的改变而发生改变。与此相对应，在架构设计中，每个组成部分也遵循无状态性的思路，除了数据库以外，数据的处理不会直接改变每个架构成员的状态。所以久而久之，这样的架构就称为 Lambda 架构。

Lambda 架构是一种能够实时处理大量数据的架构范式，它的设计考虑了相应延迟、处理通量及高容错性。为了满足实时应用的要求，Lambda 架构的组成部分可以分为实时响应层（serving layer）、快速处理层（streaming layer）和批处理层（batch layer）三个部分，这三个部分将按照需求有机地整合在一起，协同完成机器学习和数据处理的任务。

5.2.1 实时响应层

实时响应层的主要任务是对外部需求快速做出响应。例如，在实时股票预测系统中，快速做出趋势预测的部件属于实时响应层；在电商推荐系统中，对用户做出实时推荐的部件也属于实时响应层。

实时响应层的主要元素包括支持快速更新读写的数据库（如 Redis、Druid 等）和可以进行快速响应的算法服务等。

5.2.2　快速处理层

快速处理层的主要任务是软实时地对外部需求做出响应。快速处理层对延迟的要求不如实时响应层那么严格，但是仍然需要在短时间内对数据做出快速反应。例如，在实时股票预测系统中，进行实时预测模型更新的部件属于快速处理层；在电商订单处理系统中，对交易进行防伪甄别也属于快速处理层。这些部件都有实时处理的需求，但是允许有若干秒、甚至若干分钟的延迟。

快速处理层的主要元素是由各种流处理平台构成的，如 Apache Spark、Storm 等平台都是现今主流的快速处理层工具。

5.2.3　批处理层

批处理层的主要任务是在线下完成大量数据的处理。批处理层对响应延迟的要求最弱。但是批处理层数据最为全面，所以批处理层产生的数据结果往往具有最强的官方性。例如，在实时股票交易系统中，在后台对策略进行回测评价的部件属于批处理层；在电商推荐系统中，对用户的购买数据进行汇总，产生商业报表的元素也属于批处理层。

批处理层的主要元素包含各类老牌线下数据处理工具，如 MySQL、Apache Hadoop 等。

5.3　常用的实时机器学习架构

Lambda 架构按照处理的速度对架构的各个部分进行了分类。笔者根据经验发现，实时机器学习架构的结构还可以按照信息流动的方向分为如下三类。

5.3.1　瀑布流架构

瀑布流（cascading）架构里面的信息是单向流动的，从发生地到完成地呈现瀑布般从上到下的流动，有时候会进行分叉和汇总（如图 5-1 所示）。在该架构中，实时机器学习架构主要出现在重后台的应用中，其不在意实时用户反馈，而更重视实时对数据的处理。

例如，金融安全领域，网页前端在接受用户指令之后需要利用机器学习模型进行风险分类。风险分类的结果需要和历史交易系统的信息结合在一起呈现给后台人员进行审批汇总，以及进行数据的可视化。瀑布流架构就适用于这种信息从前台到后台单向流动的场景。

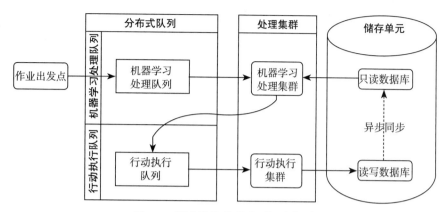

图 5-1 瀑布流架构的主要组成部分

又例如，在电商环境中，客户下单以后需要对仓储、配送情况进行实时优化排布，利用机器学习模型对运输风险进行评估。配送优化的结果不用直接呈现给客户，但是后端对于订单的实时处理要求很高。这时候也可以采用瀑布流架构进行机器学习处理。

图 5-1 是一个典型的瀑布流系统，主要由作业发出点、处理队列、处理单元、数据库、结果执行队列和结果执行单元组成。这里处理队列和结果执行队列的存在是为了在任务完成速度小于任务生成速度的时候缓冲系统的压力。

瀑布流式机器学习架构的思想类似于修筑水坝，数据作业产生了速度在一天中的不同时刻会不停地发生改变，所以必须修建"蓄水池"——分布式队列，对到达的作业和产生的行动进行缓冲，以保证机器学习处理单元的稳定运行。

与此同时，为了能够及时完成所有的处理任务，在高峰时段不造成任务塞车的情况，我们往往会在一天之中为机器学习处理单元和行动执行单元对应安排不同数量的服务器。不同的公司和云服务提供商都对此提出了解决方案，例如亚马逊云服务就提出了 AutoScaling 的服务，其能够按照需求自动化地调整服务器的数量，以达到最优资源和效率配置[⊖]。

本书的第 6 章到第 9 章将会介绍对应瀑布流架构的主要工具和实例，涉及的常用瀑布流式架构工具主要有 Docker、RabbitMQ 和 Elasticsearch 等。

5.3.2 并行响应架构

并行前端（parallel frontend）架构主要用于解决低延迟要求下大量机器学习的要求。在多用户大量任务同时到达，并且需要在极短的时间内做出响应的情况下，往往需要通过配置服务器集群来快速响应并反馈，这类集群会包含完全相同的机器学习模型以实现相应的操作。

采用并行前端架构的主要场景涉及网站、视频、广告、社交和游戏等非常重视用户体验的场景。例如现今主流的广告提供商都力求在若干微秒内利用机器学习模型完成对用户

⊖ http://docs.aws.amazon.com/autoscaling/latest/userguide/auto-scaling-benefits.html。

的分类和产品的推荐。根据笔者的经验，这种应用场景下，机器学习模型每提高一点微弱的效果，减少毫秒级的延迟，就能给广告商带来百万级的收益。

并行前端架构主要在于利用负载均衡（load balancing）将机器学习处理任务均匀地分配到前端集群的服务器上。同时对于数据处理、记录等不需要高效实时处理的任务，通过分布式队列进行缓冲和异步处理。

图 5-2 是一个典型的并行前端架构，主要由负载均衡、机器学习处理单元和后端处理系统三部分构成。其中负载均衡和并行的机器学习处理单元会尽量以低延迟来反馈机器学习模型的判断，而后端处理系统将以异步的方式完成对数据日志等任务的处理。

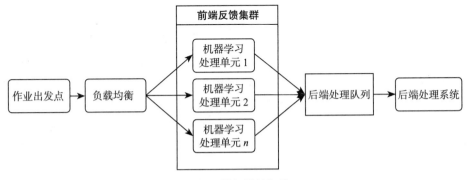

图 5-2 并行前端架构

善于观察的读者大概已经意识到了，为并行前端服务的后端处理系统，其实可以用5.3.1 节里面提到的瀑布流式机器学习架构来进行设计。这也验证了计算机系统设计里面DRY（Do not repeat yourself，不要重复劳动）的准则。贯穿全书，我们会看到同一个单元被不断地再次利用并发扬光大。

5.3.3　实时更新模型混合架构

上面两个架构都主要着重于实时反馈和对作业进行处理，那么什么样的架构才能不断进行模型更新，对环境做出实时改变呢？本节介绍的实时更新模型混合架构将会对此做出详细的解读。

实时更新模型（real time updated machine learning model）架构旨在能够快速地更新机器学习模型，对环境做出反应。机器学习模型的实时连续性更新在技术上具有最高的要求，在理论上也需要特别熟稔的功底。为此，实时更新模型混合架构往往也只会用于最关键的场景中。

例如，现今很多对冲基金利用机器学习模型在很短的时间内对金融市场走势进行预测。由于多方竞争的加剧，市场环境往往瞬息万变，必须不断实时地更新模型，才能保证长期收益。

又例如，实时新闻搜索一直是搜索引擎界的难题，就连微软必应都做得不够好。当

2014 年 9 月微软宣布将跳过 Windows9 直接发布 Windows10 的时候，很多感兴趣的用户都到必应上搜索相关信息，却无法找到相关的词条。与此同时，谷歌搜索却能在短时间内做出回应，在新闻发布半个小时之后就呈现出了 Windows10 的相关新闻。这一事件也成为了搜索引擎界的笑柄。

虽然说起来非常复杂，但实际上实施更新模型混合架构就是前面提到的瀑布流架构和并行前段架构混搭而成的一个闭环。实时更新混合模型架构一方面具有并行前端架构能够对访问请求做出快速响应，另外一方面具有瀑布流架构的实时建模系统，根据实际情况实时地更新模型。

如图 5-3 所示，实时更新混合架构与并行前端系统相比，最大的不同之处在于其具有自动化的模型部署单元，可以实时地自动化部署模型。这一改变看似微小，但是在一些老系统中确实属于伤筋动骨的改动。比如，有些企业在部署新的数据和程序时都必须经过代码审查，如果需要实时更新模型，就必须自动化跳过代码审查，在技术上和公司政治上这都是一个难点。另外一方面实时部署新模型这一要求，对系统代码本身的稳定性和检测系统的完备性就提出了更高的要求，否则，如果因为极端情况或网络攻击，很容易导致模型被误导，从而达不到理想的效果。

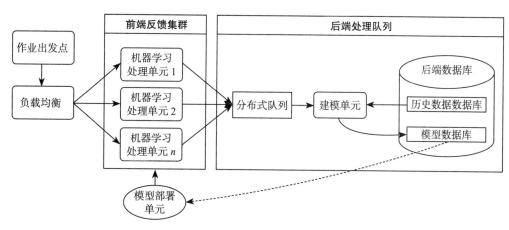

图 5-3 实时更新混合架构图

5.4 小结

本章所介绍的架构几乎涵盖了现今主流的实时机器学习架构的所有拓扑结构。就算因为业务需求，需要对以上架构进行增减，我们在熟悉了本书的内容之后也可以进行游刃有余的操作。总结起来，设计以上三个架构的主要思想具体如下。

❑ 无状态性和可扩展性相辅相成，或者用英文表示为 statelessness and scalability come hand in hand。所谓无状态性（stateless），就是指机器学习反应单元在对数据进行处理之后，对服务器本身不会产生任何变化，数据、日志等都直接传输到了数据库或分布式队列中进行处理，极大地消灭了延迟。为了对需求数量的变化做出实时反应（scalability），需要实时增加或减少服务器，所以服务器上除了部署的模型和程序，不应该再存储任何其他的信息。

❑ 善用分布式队列。分布式队列可以将随机到达的任务存储起来，让实时处理平台按顺序进行处理，这大大降低了服务器的压力，增强了整个系统的稳定性。与此同时，分布式队列常常用作不同数据服务间数据中转的集散地，大大降低了开发的难度。

❑ 善用负载均衡。在大型机时代，一个组织往往只有一台造价昂贵的大型机，程序员们不断练就"独门武功绝技"，优化自己的算法，好让这台大型机在同步处理大量并发任务的时候还能够正常工作。现今分布式系统的设计理念和以前大型机时代的理念完全不同。现代分布式系统的设计理念认为，我们的程序都是不完美的，快速业务发展的需要让我们只能开发出最初可用的产品，为此我们只能使用负载均衡和并行系统，来处理高并发状态下的任务。

第6章将介绍前面提到的实时机器学习系统的常用工具。我们将着力于介绍实时机器学习系统中各个常用的工具。现今 Docker、Spark、Elasticsearch 等系统仍然在快速发展的过程中。建议读者在阅读之后多加练习，并且访问对应的网页以了解最新的功能，建议大家在一台 Ubuntu 14.04 的操作系统上进行学习和实验。

Docker、Kafka、Storm、Elasticsearch 等工具都是当今数据处理、机器学习和分布式系统中的精华。如果需要深入钻研，每个工具都可以自成一书。由于篇幅的限制，本书将只会着重介绍机器学习相关的内容。对于服务器配置、网络优化等课题，每一节的后面都提供了相关的链接，供读者参阅。在本书末尾的实时机器学习设计模式章节中（第10章），我们将会对以上各种服务应用的排列组合进行归纳总结，得到常用的实时机器学习设计模式。

最后强烈建议所有读者详细阅读 Docker 介绍章节（第6章），除非您是非常有经验的 Docker 用户，同时建议大家完成该章节的所有练习。其他的很多机器学习读物会手把手地教您安装各个软件，配置服务器。这样的工作模式在实时机器学习架构的要求下是不适用的。每个实时机器学习架构都是多于5个不同软件环境的合体，为了让大家快速上手，并且保证程序的正确运行，我们将在后面的所有章节中都运用 Docker 对软件环境进行配置，而不再赘述其安装过程。

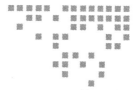

集群部署工具 Docker

6.1 Docker 的前世今生

❏ 如何将已经写好的程序部署到 10 台服务器上，配置好负载均衡，并且与后端数据库紧密相连？

❏ 如何在请求数量增加的时候将服务器数量增加到 100 台、1000 台而不用重写代码？

❏ 如何才能保证在开发人员电脑上能够正常运行的程序在生产服务器上也能如期运行？

Docker 生态系统正是用来解决上面这些问题的。Docker 出现以前，大规模部署代码、配置服务器集群主要由以下两个方法来解决。

1）主流 IT 公司大都采用脚本程序来解决，比如用 ssh 远端操作等，批量进行服务器配置安装。后来演化出了 Jenkins 等部署工具用于批量化进行服务器部署。这样的弊端也是显而易见的：开发人员和生产服务器上的配置环境可能会有所不同，这会导致程序在生产环境中无法正常运行。

2）通过 Vagrant 等虚拟机打包程序来解决。Vagrant 要做的就是将虚拟机配置和程序部署打包化。程序员在开发环境中使用的虚拟机配置，会直接应用到生产环境中。但是虚拟机一般都需要占用大量的资源，在进行复杂系统开发的时候仍然会显得尾大不掉。

直到 2013 年 Docker 应运而生，才有了更好的解决办法。Docker 是一个开放的分布式应用平台，其力求能够实现轻量级虚拟化，以加速分布式软件开发的进程。开发人员将开发放置在 Docker 容器的微服务（Micro-service）中，每个微服务都可以配置自己需要的运行环境和软件包。在部署到生产环境的时候，一个完全相同的微服务容器将会被部署到生产服务器上，从而避免因为配置不同造成麻烦。

与此同时，Docker 容器与虚拟机相比耗费的资源也更少。图 6-1 展示了 Docker 和虚拟机对比的情况，图 6-1a 是在一台服务器上同时运行多个服务器的架构；图 6-1b 是在一台服务器上同时运行多个 Docker 容器的架构。

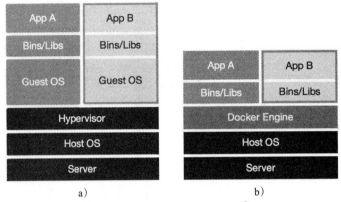

图 6-1　Docker 和虚拟机对比[⊖]

在生产环境中部署虚拟机，大量资源都会被虚拟机操作系统文件（Guest OS）和虚拟环境（Hyperviser）所耗费。与此相对比，在生产环境中使用 Docker 容器，只需要安装少量的 Docker 引擎文件，资源利用率得到大大提高。在入门级笔记本电脑上轻松运行数十个Docker 虚拟环境完全不是问题。

到 2016 年 5 月，领导 Docker 开发的公司已经拥有了十亿美元的估值，同时，支持Docker 开发流程的软件包也如雨后春笋般相继出现。本书的软件部署环境配置将完全依赖于 Docker，关于这点将在下面几节中详细介绍。

6.2　容器虚拟机的基本组成部分

一个 Docker 容器化虚拟机分为虚拟机镜像、容器虚拟机、网络配置和数据存储卷标四个方面。Docker 引擎的全部功能都围绕着管理以上四个方面来进行设计。在后面的例子中可以看到这四个元素的定义贯穿了所有 Docker 容器虚拟机的实例，所以在介绍实际操作之前，我们先来介绍一下它们的组成和功能。

1. 虚拟机镜像

一个虚拟机镜像（docker image）是一个只读的模块，该模块负责定义对应的容器虚拟机，包括虚拟操作环境、预装好的程序、配置等。例如，有的虚拟机镜像（暂时用 python-ubuntu 来指代）是安装好 Python 3.0 的 Ubuntu 操作系统，有的虚拟机是配置好 Java 运行环境的 CentOS 操作系统。由于虚拟机镜像具有只读性，因此每个虚拟机镜像均可以用于产

⊖　图片来源：https://www.jayway.com/2015/03/21/a-not-very-short-introduction-to-docker/。

生无限个功能、内容完全不同的 Docker 虚拟机。所以我们可以把虚拟机镜像理解成一个容器虚拟机定义的基础。

虚拟机镜像具有继承性，我们可以基于一个虚拟机镜像创建另一个虚拟机镜像。例如，我们可以基于 python-ubuntu 虚拟机镜像配置安装 Scikit-learn，安装好该组件的虚拟机镜像可以被储存起来，成为 sklearn-ubuntu 虚拟机镜像。上面产生的 python-ubuntu 和 sklearn-ubuntu 虚拟机都可以被独立调用，各自成为具有不同功能的 Docker 虚拟机的一部分。具体每个 Docker 虚拟机的镜像可以通过 Docker 引擎命令行和 Dockerfile 的配置来实现，这点将在后文（6.3 节和 6.4 节）详细介绍。

2. 容器虚拟机

一个 Docker 容器虚拟机是一个 Docker 虚拟机镜像可以运行的实例。仅仅基于一个 Docker 虚拟机镜像，我们可以对网络、文件等多个方面进行配置，从而产生出多个不同的容器虚拟机。

Docker 容器虚拟机可以像传统虚拟机实例一样被启动、停止、移动或删除。这些操作都可以通过 Docker 引擎和相关管理程序命令行来完成的，6.3 节会详细介绍。

3. 网络配置

一个 Docker 容器虚拟机的网络配置主要是指其网络端口的开放和网络端口在宿主机上的映射。例如，对于一个虚拟机实例，我们可能会开放 80 端口作为网络访问接口，该虚拟机内部的所有程序都会通过 80 端口进行反馈；但是为了不与宿主机产生冲突，我们可能会将虚拟机上的 80 端口映射到宿主机的 9980 端口上。所有外部服务都必须通过访问宿主机的 9980 端口，来访问该虚拟机实例的网页服务。

4. 数据储存卷标

我们往往需要在 Docker 容器虚拟机上储存程序、模型甚至数据库内容等信息。这些信息可能来自于其他容器的虚拟机镜像，也可能来自于宿主机。为了完成数据的共享、读写，每个 Docker 容器虚拟机都可以设置数据储存卷标，以实现该容器虚拟机实例和其他服务之间的数据共享。

6.3　Docker 引擎命令行工具

Docker 引擎（Docker Engine）是最早出现的 Docker 工具，Docker 引擎的主要用途是进行单个虚拟容器环境的配置和运行。

6.3.1　Docker 引擎的安装

推荐在最新的 Ubuntu 长期使用版（LTS）上安装本书的软件环境⊖，这里以 Ubuntu 16.04

⊖　最新的安装指南在这里 https://docs.docker.com/engine/installation/linux/ubuntulinux/。

版本为例进行讲解，打开命令行之后，需要进行以下操作：

```
# 更新 Ubuntu 软件源内容
sudo apt-get update
# 安装 Docker 引擎
sudo apt-get install docker-engine
# 开始运行 docker 引擎后台程序
sudo serivce docker start
# 运行一个虚拟机试试看吧
sudo docker run hello-world
```

如果一切顺利的话，那么最后一个命令执行完成以后，会出现若干个进度条，提醒 Docker 引擎正在从远端服务器上下载镜像。各个下载进度完成以后，会运行 hello-world 镜像的默认程序，出现以下画面（随版本的不同可能会有所不同）：

```
Hello from Docker.
This message shows that your installation appears to be working correctly.
```

最后一个命令发生了什么？首先你电脑里面的 Docker 引擎运行环境从远端服务器（Docker Hub）上下载了一份名为 hello-world 的容器虚拟机镜像。然后在您的电脑上启动这个容器虚拟机，并且运行配置好的启动程序，打印出了以上字段。程序运行结束之后，容器虚拟机将自动关闭。

细心的读者将会注意到，上面最后一个命令用了 sudo 来获取管理员权限。一般的容器操作都要用到管理员权限，显然这不是安全的选择，所以还需要将你的当前用户添加到 docker 所在的用户群中。添加命令如下：

```
# 添加名为 docker 的用户群
sudo groupadd docker# 将你的当前用户添加到 docker 用户群中
sudo usermod -aG docker [你当前的用户名]
# 退出当前系统，再登入，这个时候就可以不用 sudo 执行以下命令了
docker run hello-world
```

6.3.2　Docker 引擎命令行的基本操作

在本书写作之时，Docker 引擎仍处于飞速发展之中，Docker 引擎功能强大，需要一本书的篇幅才能完全囊括。这里主要介绍最基本的 Docker CLI（命令行接口，Command Line Interface，CLI）操作，以完成本书的学习。对单个 Docker 虚拟机进行复杂配置时，往往需要通过 Dockerfile 配置文件来进行，6.4 节会对此进行详细介绍。

Docker 命令行基本操作的格式如下：

```
docker [子命令] -[变量旗标，可选] [变量名，可选]
```

当然，最便捷的快速查阅命令行可用指令的方法是：

```
docker help
```

上面的命令将会打印出一系列 Docker 相关的子命令。包括本节将更详细介绍的 run、stop、kill、rm、rmi、ps、exec 等命令。

使用 docker [子命令] --help 将会打印出每个子命令的详细信息。例如：

```
docker run --help
```

会打印出跟 docker run 相关的所有命令行信息。

下面以几个简单的操作例子来进行讲解。首先重复前面的例子，运行一个 Docker 镜像，命令如下：

```
docker run hello-world
```

上面发生了什么事情呢？首先 Docker 会查阅本地镜像，确定是否包含一个名为 hello-world 的虚拟机镜像，如果不存在，那么 Docker 引擎会到远端 Docker 服务器中下载一个新的 hello-world 虚拟机镜像。镜像下载完成之后，会按照该镜像默认的设置，打印出 hello world 的信息。

当然这还是最基本的操作，下面让我们运行一个 nginx 网页服务来试试看，其实只需要运行下面的命令即可：

```
docker run -d -p 9080:80 --name webserver nginx
```

运行完成后，我们可以在当前电脑的浏览器中访问 http://localhost:9080，看到 nginx 的欢迎信息（如图 6-2 所示）。

上面这个命令发生了什么呢？主要包含如下几点。

❏ 获取镜像：这里运行了一个代号为 nginx 的 Docker 虚拟机镜像，Docker 引擎发现当前电脑上不存在该镜像，于是从远端服务器上下载了该镜像。

❏ 命名虚拟机：通过 --name 标签将该运行的镜像命名为 webserver，以方便后面的操作。

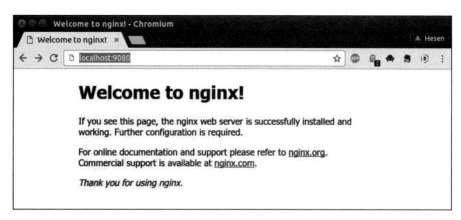

图 6-2　通过 http://localhost:9080 查看 nginx 服务器信息

❏ 端口映射：默认情况下，nginx 将会通过虚拟机的 80 号端口对网页访问做出响应，我们通过 -p 标签，将访问端口映射到宿主机的 9080 端口上。

❏ 背景运行模式：最后，通过 -d 标签告诉 Docker 引擎在后台运行这个虚拟机（daemon 模式）。

我们可以通过下面 ps 子命令查阅正在运行的容器虚拟机：

```
docker ps
```

以上命令运行完成之后，可以看到一系列打印的信息，包括前面创建的 webserver 虚拟机，如下：

```
CONTAINER ID      IMAGE          COMMAND                CREATED
9efe7e95a116      nginx          "nginx -g 'daemon off" 25 hours ago
```

有的时候为了调试或出于好玩，需要在正在运行的虚拟机中执行一些命令。可以通过 exec 子命令在已经运行的虚拟机中进行一次性操作：

```
docker exec webserver ps -A
```

上面这个命令执行完成之后可以在命令行中打印出所有正在运行的进程，包括 nginx 和 ps 本身，打印信息如下：

```
\$ docker exec webserver ps -A
PID      TTY        TIME CMD
1        ?          00:00:00 nginx
8        ?          00:00:00 nginx
9        ?          00:00:00 ps
```

有的时候为了详细排错，我们可能需要"登录"到该虚拟机进行交互式操作，这可以通过 -it 标签来完成，代码如下：

```
docker exec -it webserver /bin/bash
```

以上命令执行完成之后，可以发现我们正在 webserver 的 root 命令行下，可以进行各种交互操作，示例代码如下：

```
\$ docker exec -it webserver /bin/bash
root@9efe7e95a116:/# rm -rf /bin
root@9efe7e95a116:/# exit
```

最后通过 exit 命令退出。

我们可以通过 stop 子命令终止一个正在运行的虚拟机：

```
docker stop webserver
```

那么以上操作是否代表要从我们当前的系统中删除虚拟机了呢？还没有，首先可以通过：

```
docker ps -a
```

查阅所有虚拟机，包括休眠状态下的虚拟机。在第一条目中，我们可以看到该虚拟机只是被终止了，其仍然存在于当前系统中：

```
CONTAINER ID      IMAGE          COMMAND                  CREATED       STATUS
9efe7e95a116      nginx          "nginx -g 'daemon off"  25hours ago   Exited(0)
e186503e735c      hello-world    "/bash echo hello"      27hours ago   Created
```

要彻底删除该虚拟机，可以使用下面的命令：

```
docker rm webserver
```

执行完成之后，我们可以发现 webserver 虚拟机不再存在。

前面介绍了一个 Docker 虚拟机镜像可以用于产生多个虚拟机，那么 webserver 对应的虚拟机镜像 nginx 该如何删除呢？首先可以用 images 子命令查阅当前系统中已有的虚拟机镜像：

```
docker images
```

然后就可以从列表中看到我们刚才操作过的 nginx 和 hello-world 镜像，如下：

```
REPOSITORY TAG      IMAGE ID            CREATED
Nginx               latest 05a60462f8ba  2 days ago
...
```

最后，可以用 rmi 子命令删除对应的虚拟机镜像：

```
docker rmi webserver
```

当然，上面的操作都是最基本的 Docker 引擎命令行操作。更复杂的操作往往需要通过配置文件的方法来完成，6.4 节将对此进行详细介绍。

6.4　通过 Dockerfile 配置容器虚拟机

若要在分布式集群中自动化容器虚拟机配置，那么完全依赖命令行显然不能达到快速开发，易于调错的标准。当服务器配置变得较为复杂时，采用命令行就会显得尾大不掉，而且容易出错。为此 Docker 的开发者特意创立了 Dockerfile 标准，用配置文件的方法完成单个容器虚拟机的配置。

Dockerfile 是 Docker 容器化虚拟机的配置文件。配置一个 Docker 容器虚拟机，步骤非常直观，只需要在一个文本文件（通常名为 Dockerfile）中配置以下四方面的内容即可。

❑ 镜像基本信息
❑ 执行程序内容
❑ 网络链接和端口
❑ 与宿主机共享文件的方式

以上字段的内容都是通过 FROM、EXPOSE、CMD、RUN 等字段来执行的，我们将在下面通过例子进行详细介绍。

6.4.1 利用 Dockerfile 配置基本容器虚拟机

既然是入门，那么当然一定要有 Hello World 啦。这里用 Dockerfile 配置第一个虚拟容器镜像，该镜像启动之后会说 Hello World，执行完成之后会自动关闭。镜像配置文件（Dockerfile）如下：

```
FROM ubuntu
MAINTAINER 彭河森
CMD echo "Hello world!"
```

运行以上镜像，只需要在该文件所在的目录下执行以下命令：

```
# 按照 Dockerfile 制作容器虚拟机镜像，取名为 my-hello-world
docker build -t my-hello-world .
# 运行名为 my-hello-world 的容器虚拟机镜像
docker run my-hello-world
```

运行完成之后，即可在命令行中看到"Hello world!"的输出。

如果您网络通畅，那么从虚拟机的建立到运行全部完成只需要一分钟左右。

这里虚拟机的配置文件 Dockerfile 主要包含如下三部分的内容。

❑ FROM：这是所有 Docker 容器引擎最重要的一个部分。该命令会告诉 Docker 引擎这个容器镜像是基于什么操作系统镜像来建立的。这里用了最新版本的 Ubuntu。一些常用的服务，例如网页服务 Ngnix、键值储存数据库 Redis，以及我们后面将会学到的 Storm、Hadoop、Spark 等软件，都有已经预先配置好的 Docker 系统镜像。利用 Docker 引擎我们可以省去安装程序的烦琐工作，而将精力放在更重要的架构配置上面。

❑ MAINTAINER：这个就不用多说了吧，创建一个新的镜像，留下自己的名字，以便于日后维护和处理问题。

❑ CMD：该字段告诉 Docker 引擎执行字段内的操作。这个示例是打印 Hello World。

值得注意的是，Docker 引擎执行以上操作的时候是按从上到下的顺序线性执行的。创建的新虚拟机镜像并不会马上删除，而是留在了当前工作电脑的临时文件夹里面，可以通过 docker images 命令来查看。

6.4.2 利用 Dockerfile 进行虚拟机和宿主机之间的文件传输

在创建 Docker 容器虚拟机镜像的时候，可能需要将宿主机上面的程序、静态初始数据等复制到镜像中，永久成为镜像的一部分。与此同时，Docker 容器虚拟机与平常接触到的虚拟机、服务器一样，具有端口的概念，对于网络链接需要进行端口设置。为此使用以下例子来介绍相关操作。

在下面这个例子中，将用 Dockerfile 搭建一个基于 Python Flask 的静态网站。该网站代码位于宿主机中，需要在构建 Docker 容器镜像的时候载入进去。镜像启动之后，会使用宿主机端口，可以通过网络来访问该端口。该容器镜像的配置文件夹包含以下三个文件。

❏ hello.py：Python 静态网页文件，在访问 5000 端口时反馈简单的字符问候语。

❏ requirements.txt：Python 软件包配置文件，用于安装所需要的软件包 Flask。

❏ Dockerfile：产生容器镜像的配置文件。

其中，Dockerfile 的配置文件如下：

```
FROM orchardup/python:2.7
MAINTAINER 彭河森 hesen.peng@gmail.com
ADD . /code
WORKDIR /code
RUN pip install -r requirements.txt
CMD python hello.py
```

运行以上 Docker 容器镜像，只需要执行以下命令即可：

```
# 制作容器虚拟机镜像，并取名为 my-hello-flask
docker build -t my-hello-flask .
# 运行镜像，并将容器镜像的 5000 端口映射到宿主机的 80 端口上去
docker run -d -p 80:5000 my-hello-flask
```

运行以上命令之后，通过浏览器访问 http://localhost，即可看到图 6-3 所示的反馈。

图 6-3　静态 Python 网页程序反馈

细心的读者可能会发现以上示例配置文件新增了以下两个字段。

❏ ADD：该命令将会把宿主机下的目录加载到容器虚拟机中。所以执行此命令之后，所需的 hello.py 和 requirements.txt 都已经在容器虚拟机的 /code 目录中了。同时，可以采用 COPY 命令对具体的单个文件进行复制操作。

❏ WORKDIR：顾名思义，该命令是将虚拟机的工作目录设置到指定的位置。

与此同时，可以注意到，在运行该容器镜像的时候，用了 -p 命令将容器虚拟机的 5000 端口映射到了宿主机的 80 端口上。不推荐在 Dockerfile 中设置端口映射，因为其往往会在

同一台宿主机上同时运行多个完全相同的容器虚拟机。如果预先设置了端口映射，那么就有可能多台容器虚拟机同时争抢同一个端口，造成冲突。

另外值得注意的是，在创建 my-flask-hello 容器虚拟机的时候是在给定目录下运行的。当容器完成建立之后，可以在当前服务器的任何一个目录下用以上命令运行虚拟机，而不用担心目录文件加载。这是因为 ADD 命令已经将工作目录下的所有文件复制到了虚拟机中，不再需要从宿主机上面读取。

6.5 服务器集群配置工具 Docker Compose

前面已经完成了通过 Docker 引擎配置单个容器虚拟机的工作，这省去了安装软件等烦琐的细节，但是这在实时机器学习多主机、多服务运行的环境中还是不够的，为此还需要对服务器集群进行配置。对服务器集群的配置主要包括四个方面：单个服务器的配置、服务器之间的连接、对外访问端口的设置和数据存储卷标的配置。

本章将介绍服务器集群配置工具 Docker Compose（简称 Compose）。Compose 可以用脚本配置的方式高效地设置复杂服务器集群，其配置方面包括集群每台容器虚拟机的镜像内容设置、网络端口、数据映射等。Compose 的功能几乎涵盖了机器学习分布式集群的所有方面。全靠 Compose 提供的方便，本书才得以囊括如此多的内容。本节将对 Compose 的安装和基本操作进行介绍，建议读者详细阅读。

6.5.1 Docker Compose 的安装

Docker Compose 是一个基于 Python 的软件，主要有 Pip 和 Curl 两种安装方法[⊖]，推荐使用 Python Pip 的方法来进行安装。Python Pip 是基于 Python 的软件包管理软件，通过 Pip 安装 Compose，只需要以下命令即可：

```
## 安装python 和pip，如果您已经安装了 Python 和pip，那么这里可以跳过这一步
sudo apt-get install python python-pip
## 安装 Docker Compose
sudo pip install docker-compose
## 测试安装成功
docker-compose --version
```

如果一切顺利，执行完成第三步之后，命令行会成功显示出当前 Docker Compose 的版本信息。恭喜，您已经完成 Docker Compose 的安装了。

6.5.2 Docker Compose 的基本操作

利用 Docker Compose 配置集群主要分为如下三个步骤。

⊖ 我们建议在您安装之前到官方网站上查阅最新版本信息 https://docs.docker.com/compose/ install/

1）对单个服务进行编写和配置，撰写 Dockerfile 文件。

2）对整个服务器集群进行配置，撰写 docker-compose.yml 文件。

3）启动整个集群，只需要一个命令即可：docker-compose up。

没错，就是这么简单。这样的操作范式是目前最流行的 Compose 编程流程，意思就是像写歌曲（Compose）一样一点点添加成分，最后达到完美。那么下面就通过一个例子来介绍 Docker Compose 的基本操作。

Docker Compose 的操作主要是通过命令行工具 docker-compose 来完成，其语法与 Docker 引擎的语法规则类似，基本格式是：

```
docker-compose [子命令] -[变量旗标，可选] [变量名，可选]
```

同理，最便捷的快速查阅命令行可用指令的方法是：

```
docker-compose help
```

为了对服务器进行配置，Docker Compose 往往会与服务器集群配置文件进行交互操作，配置文件一般默认命名为 docker-compose.yml。该配置文件遵从 YAML（YAML Ain't Markup Language 的缩写）的语法规范。

按照服务器集群生存期的操作，Docker Compose 对应的子命令有 build、create、up、down、start、stop，同时也具有 ps、logs 等子命令进行状态检查，下面就通过具体例子对这些命令进行介绍。

6.5.3 利用 Docker Compose 创建网页计数器集群

前面提到过，镜像在运行的时候会产生数据库记录等信息，需要长时间存储。但是 Docker 镜像是无状态的（stateless），在执行完成或中途关闭以后，内部不会存储任何数据。数据库内容等信息必须存储在本地宿主机或网络云端，才不会随着 Docker 镜像的关闭而消失。本节将介绍用 Docker Compose 配置一个基于 Python 和 Redis 的分布式计数器，该计数器的数据库文件通过 Docker 文件夹来加载，存储在宿主机的目录里。

通过下面这个例子，我们将学习 Docker Compose 集群配置的基本操作，并且体会宿主机数据映射、镜像更新等操作。

计数当然是实时机器学习的最基本操作，别看这个操作很简单，计数其实是很多分布式机器学习算法的核心成分，例如朴素贝叶斯估计就会不停的用到计数的结果，而更多高级一点的工具，如 Vowpal Wabbit，更是将计数这个操作推广到了登峰造极的地步。

本案例的重点在于：

❏ 创建一个简便的示例 Docker 容器虚拟机集群。

❏ 体会 Docker 虚拟机容器的无状态性（stateless）。

❏ 学习在 Docker 容器虚拟机里面加载宿主机目录。

这里用 Docker Compose 构建一个最基本的计数器。其架构图如图 6-4 所示。该计数器属于前面提到的并行前端架构里面的最简单版本，由前端网页响应（基于 Python Flask）和后端数据库（基于 Redis）构成。如图 6-4 所示，Redis 数据库的数据存储文件通过加载宿主机本地目录备份到了宿主机里面。

图 6-4　网页计数器示例图

利用 Docker Compose 配置这个集群时，只需要配置一个名为 docker-compose.yml 的脚本文件即可。本案例的脚本如下：

```
web:
   build: web/
   command: python counter.py
   ports:
   -"80:5000"
   links:
        -redis
redis:
   build: redis/
   command: redis-server /config/redis.conf
   volumes:
     - /tmp:/data
```

其中有部分字段需要重点注意，具体如下。

（1）名为 web 的容器虚拟机
该容器虚拟机负责进行网页请求处理和反馈。其通过当前目录下的 web/Dockerfile 进行配置。另外，对于该容器虚拟机，还有以下配置值得注意。
- ❏ 网络端口配置：通过 ports 中的配置，将容器虚拟机的 5000 端口映射到宿主机的 80 端口上。
- ❏ 链接其他服务：通过 links 命令，允许该虚拟机链接 Redis 容器服务。注意 Docker Compose 服务之间的联系必须在该配置文件中写明，否则无法进行链接，这对系统安全和稳定性也有很大的帮助。

（2）名为 redis 的容器虚拟机
该容器虚拟机负责进行数据的存储。以下这些配置需要重点注意。
加载本地文件夹（volumes 字段）：这里将宿主机的 /tmp 文件夹加载到了容器虚拟机的 /data 文件夹上。由于 redis 的 Docker 镜像会将数据库缓存文件自动定期存到 /data 文件夹中，因此该虚拟机关闭之后，数据库的快照文件仍然存储于宿主机中，这样就实现了在宿主机中备份容器虚拟机数据的需求。

要运行以上虚拟机容器集群，只需要执行以下命令即可：

```
## 运行网页计数器集群，通过 ctrl+C 退出
## 或通过 docker-compose up -d 后台运行
docker-compose up
```

执行以上第一个命令以后，如果一切顺利，可以看到 Docker 引擎下载对应的虚拟机镜像并且编译，完成启动了之后，就可以访问 http://localhost 来看看成果啦（如图 6-5 所示）。

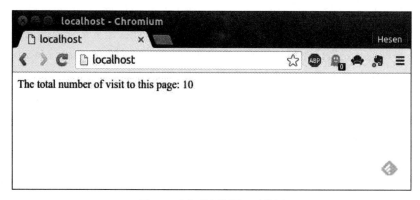

图 6-5　网页计数器网页截图

通过多次刷新该网页，可以看到网页计数器的数字在不断增加，如图 6-5 所示。先暂时终止一下集群的运行，执行以下命令，并且访问宿主机的临时文件夹 /tmp，可以发现中间多了一个名为 dump.rdb 的文件，这就是需要长期保留的 redis 数据库快照。

```
## 运行完成后停止集群
docker-compose down
```

如果再次启动该集群，再次访问 http://localhost，可以发现计数器在上次的基础上继续增加，并未归零。这说明容器虚拟机利用了 /tmp/dump.rdb 里面的数据信息。

细心的读者大概要问，如果 redis 容器虚拟机不加载宿主机的 /tmp 目录，会有什么后果呢？请到 docker-compose.yml 集群配置文件中删除 volumes 字段，再次运行集群，看看会出现什么。这里因为更改了集群的配置文件，所以需要通过 docker-compose build 命令来重新编译该镜像。

前面通过配置网页计数器的示例，我们体会了 Docker Compose 利用脚本架设服务器集群的操作。这样的操作比具体登录到服务器里面安装和配置单个程序要方便得多，可以大大加快集群服务的开发进程。与此同时，每个集群的配置文件都在同一个目录下，和在生产环境中运行的服务器镜像完全相同，所以也就避免了"在开发人员电脑上某服务可以正常运行，部署完成之后就坏了"的问题。

与此同时，如果你完成了上面案例中的课后作业，那么你将会发现重新编译镜像的速

度非常快（少于 30 秒），这是因为所有的容器虚拟机镜像已经被缓存在了您的本地电脑里，重新编译的时候只需要执行更新后的若干操作。这样的效率也是 Docker 出现之前所没有过的，其可以大大提高开发实时机器学习系统的速度。

6.6　远端服务器配置工具 Docker Machine

细心的读者看到这里大概在想，读了这么久了，所有实例都只是在我自己的开发机器上运行，怎么样才能实现在云端生产环境中运行呢？如果要配置 Docker 运行环境，是否需要我在每台服务器上亲自进行手动配置呢？由此带来的额外工作量是否值得呢？

Docker 早期的开发者已经预计到了这样的问题，故而设计了 Docker Machine 这一套工具，来解决实际服务器配置中的问题。简而言之，Docker Machine 是一个 Docker 运行环境安装和配置的工具，可以用于在多个平台上自动化地安装和配置 Docker 运行环境。这样的操作往往只需要一个命令就可以完成。Docker Machine 已经可以支持现今主要的公有云，包括：Amazon Web Services（AWS）、微软云服务（Microsoft Azure）、谷歌云服务（Google Compute Engine），以及本书将会使用的 Digtial Ocean。另外，Docker Machine 也支持本地虚拟机配置，如果您需要在自己的本地虚拟机中进行实验，那也将是非常方便的，包括：VMWare Fusion、Windows Server Hyper-V 及本书将会使用到的 Oracle VirtualBox。

Docker Machine 解决了在生产环境中部署安装的重要问题。前文提到过，Docker 轻量化的容器虚拟机的重要意义，在于让开发和生产环境完全相同。通过 Docker Machine 运行的集群环境就具有这样的特点。在开发环境中运用到的单个镜像配置文件 Dockerfile，和集群配置文件 docker-compose.yml，会被照搬到生产环境中，创建出完全一样的集群运行环境。

6.6.1　Docker Machine 的安装

Docker Machine 的安装过程和 Compose 的安装过程类似，只需要手动下载可执行文件即可⊖：

```
# 下载 Docker Machine 运行文件
curl -L https://github.com/docker/machine/releases/download/v0.7.0/docker-
machine-`uname -s`-`uname -m` > /tmp/docker-machine
# 放到目标运行目录中
sudo mv /tmp/docker-machine /usr/local/bin/docker-machine
# 赋予运行权限
sudo chmod +x /usr/local/bin/docker-machine
# 测试安装成功
docker-machine version
```

⊖　我们建议读者访问 Docker 官方网站查阅最新的安装的方法 https://docs.docker.com/machine/ install-machine/。

执行完成上面的步骤之后，如果出现了 Docker Machine 的版本信息，那么安装就成功啦。

6.6.2 安装 Oracle VirtualBox

与此同时，如果需要在本地开发环境中进行 Docker Compose 实验，可以安装 Oracle VirtualBox，这样就可以在本地创建虚拟机服务器了。安装 Oracle VirtualBox 只需要执行以下命令⊖即可：

```
## 安装 virtualbox
sudo apt-get install virtualbox
## 验证安装成功
virtualbox
```

如果一切顺利，那么上面的命令执行完成之后可以看到 VirtualBox 虚拟机的管理界面。这时候不用创建新的虚拟机，稍后 Docker Machine 会自动为您完成创建的所有工作。这里先利用本地的 VirtualBox 虚拟机环境练习 Docker Machine 的操作，最后将在基于 Digital Ocean 的云环境中运行前面开发的网页计数器。

6.6.3 创建和管理 VirtualBox 中的虚拟机

要想在 VirtualBox 上面创建一个虚拟机，只需要运行如下的命令：

```
docker-machine create --driver virtualbox dev
```

上面这个命令会在 VirtualBox 中创建一个名为 dev 的虚拟机。如果这个时候运行命令 virtualbox，打开虚拟机管理界面，就可以看到刚才创建的这个虚拟机正在运行啦，如图 6-6 所示。

刚才短短的一个步骤，就创造了一个完全配置好 Docker 的虚拟机，这中间发生了什么呢？首先 Docker Machine 从远端服务器上面下载了一个名为 boot2docker 的轻量化虚拟机镜像，安装在了 VirtualBox 上面，命名为 dev。然后 Docker Machine 通过一系列已经编制好的程序完成了 dev 虚拟机中的登录权限、虚拟网络 IP 地址等设置，并且让该虚拟机开始运行。在以后的服务器配置中，用户只需要利用 Docker Machine 就能完成所有配置，而不需要登录到具体的虚拟机中，这样大大提升了工作的效率和安全性。

此时如果运行 docker-machine ls 命令，就可以看到正在运行的 dev 虚拟机服务器的相关信息，如下：

```
NAME   ACTIVE   DRIVER       STATE     URL                          SWARM   DOCKER
dev    -        virtualbox   Running   tcp://192.168.99.100:2376            v1.11.1
```

⊖ 或者访问 VirtualBox 的官方主页下载最新版本 https://www.virtualbox.org/wiki/Downloads。

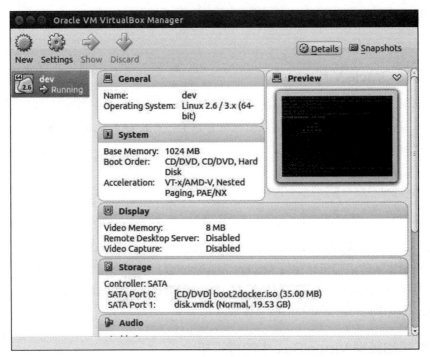

图 6-6 VirtualBox 中正在运行的虚拟机是通过 Docker Machine 自动创建的

这里可以看到 dev 虚拟机的状态是正在运行（Running），虚拟 IP 地址是 192.168.99.100。注意这里的虚拟 IP 地址已经不再是 localhost，后面访问的时候需要做相应的改动。

有的时候仍然需要登录到通过 Docker Machine 配置好的主机里面进行排错等操作，这个时候可以通过下面的命令很方便地登录到远程主机上：

```
docker-machine ssh dev
```

如果需要停止虚拟机的运行，或者删除虚拟机，那么只需要运行下面的命令：

```
# 停止虚拟机的运行
docker-machine stop dev
# 删除虚拟机，如果删除了，您需要再次创建该虚拟机才可以使用
docker-machine rm dev
```

6.6.4 在 Docker Machine 和 VirtualBox 的环境中运行集群

现在有了一个 VirtualBox 中的虚拟机，那么如何才能在上面运行集群呢？在 Docker 操作平台出现之前，开发人员往往需要通过一系列的部署工具才能完成集群的部署，一些大型公司往往还会配备专门的集群部署部门以完成部署工作。Docker 操作平台出现以后，部署的步骤就简单多了。下面以部署 6.5.3 节中的案例为例子，介绍利用 Docker Machine 在 VirtualBox 虚拟机中如何部署集群。

6.5.3 节的网页计数器案例，已经能在本地开发机中运行容器虚拟机集群。现在要将此集群部署到 VirtualBox 虚拟机服务器上，可使用如下命令：

```
# 打开 dev 虚拟机（如果尚未启动）
docker-machine start dev
# 将当前命令行操作参数改为 dev 机对应的参数
eval \$(docker-machine env dev)
# 运行网页计数器集群
docker-compose up -d
```

没错就是这么短短三个命令，就可以将前文所述的服务器集群直接迁移到 VirtualBox 上，而不需要进行任何改动。

在服务器环境中运行 Docker 容器服务器集群，与在开发机上本地运行唯一的不同就是对外网络 IP 地址。这是因为 VirtualBox 的虚拟机在网络上其实是有自己独立的 IP 地址的。以笔者的电脑为例，运行命令 docker-machine ls，可以看到如下结果：

```
NAME    ACTIVE    DRIVER        STATE      URL                           SWARM
dev     *         virtualbox    Running    tcp://192.168.99.100:2376
```

从中可以注意到，dev 这台虚拟机的 IP 地址，通过访问 http://192.168.99.100，可以看到当前的网页计数器结果。

通过上面的例子可以看出，使用了 Docker 以后，只需要极少的改动，即可将开发的机器学习服务运行起来。这样的效率让开发人员有了更大的自由度，开发周期也可以大大缩短。

6.6.5 利用 Docker Machine 在 Digital Ocean 上配置运行集群

本节将介绍如何在云服务中使用 Docker Machine，实现快速服务器部署。Docker Machine 已经实现了对主流云服务，如亚马逊云服务（Amazon Web Service）、微软云服务（Microsoft Azure）、谷歌云服务（Google Compute Engine）的支持。国内很多公司均采用私有云的模式来运营，Docker Machine 也实现了对 Open Stack 和 ssh 方式管理服务器的支持。相信在不久的将来，也会实现对国内主流云服务，如阿里云、UCloud 等的支持[⊖]。

本节将会采用 Digital Ocean 的云平台来进行数学介绍。选择使用 Digital Ocean 作为案例平台是因为它价格低廉，服务非常简单和直观，比较接近国内云供应商的运行环境。笔者曾在亚马逊和微软工作过，因此可以很方便地拿到 AWS 和 Azure 的资源，但是为了教学目的还是选择了 Digital Ocean。在 Digital Ocean 上注册需要一个邮箱地址和可以国际支付的信用卡信息，通过 https://m.do.co/c/53c4e6a09197 注册可以获得 10 美元的初始运行资金，基本上足够在一个月内完成本书所有云计算服务器配置相关的实验操作。

⊖ 读者可以通过这个链接查阅最新 Docker Machine 支持的云服务列表 https://docs.docker.com/ machine/drivers/。

第一步：获取 Digital Ocean 的 Access Token。

在 Digital Ocean 上进行远端操作，最安全的方式是使用 Access Token（安全令牌）进行身份验证。这样即可避免泄露用户名、密码带来的安全隐患。与此同时，每个账号可以有多个安全令牌，可以分配给不同的开发人员和业务部门。如果一个部门的令牌出现了泄露，那么可以很方便地删除问题令牌，重新分配新的安全令牌。

获取安全令牌的步骤非常简单，首先登录到 Digital Ocean 的管理主页，点击页面上方的 API 链接，并在后续页面左侧选择 Tokens，然后点击右上方的 Generate New Token 按钮，即可产生一个新的安全令牌，如图 6-7 所示，这里产生了一个代号名为 docker-machine 的令牌。

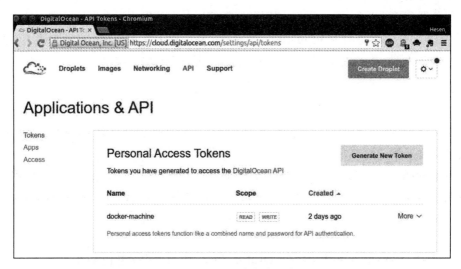

图 6-7　Digital Ocean 安全令牌产生页面

在产生令牌的过程中，网页上会显示出安全令牌的具体字段，请赶快保存下来，存放到安全的地方。

第二步：在 Digital Ocean 上运行容器服务器集群。

有了安全代码之后，在 Digital Ocean 上运行服务器集群就是易如反掌的事情了。只需要对前文的代码稍作修改即可运行，示例代码如下：

```
docker-machine create \
    --driver digitalocean \
      --digitalocean-access-token e550c1fdb01cd00da46b68615fd160876f0
bb4181024516143
    --digitalocean-region "sgp1" \
    --digitalocean-size "1gb" \
    --digitalocean-backups \
    docker-playground
```

上面这段代码会创立一个名为 docker-playground 的服务器，这个服务器位于新加坡（region 参数），拥有 1GB 内存（size）参数，并且每周都会自动备份（backups 参数）。access-token 后面附带的就是笔者为此书使用的安全令牌，当然现在它已经失效了。

后面的操作与前文几乎就完全一样了，只需要下面的步骤，网页计数器就可以在 docker-playground 这台服务器上运行起来，示例代码如下：

```
# 在网页计数器目录下执行
eval \$(docker-machine env docker-playground)
docker-compose up -d
# 获得现在服务器的 IP 地址
docker-machine ls
```

通过以上最后一个命令，获得 docker-playground 服务器的 IP 地址以后，就可以通过互联网访问您的网页计数器了，把它发给好朋友也可以进行访问哦。

6.7　其他有潜力的 Docker 工具

本节学习了使用 Docker Machine 在虚拟机和云端服务器中配置和运行 Docker 集群。细心的读者可能要问，现在还只是在一台服务器上运行呢，为了达到高稳定性，如何才能在多台服务器中运行呢？若要详细讲解这个问题的答案，就又可以写一本书出来了。当今主流的云计算提供商都为 Docker 生态系统站台，开发并推出了各种适用于 Docker 的多服务器部署方案。例如谷歌开发出了 Kubernetes 生态，用于在云端配置多台服务器集群，并对 Docker 集群服务进行可视化管理。亚马逊云服务也推出了 Elastic Container Service，让 Docker 的部署工作变得易如反掌。可以确定的是，得益于 Docker 运行环境，不管在一台还是多台集群上进行部署，开发实时机器学习的过程都是一样的。下面是一些有用的链接，供大家参考。

❏ Docker Swarm 是一个服务器集群链接工具。Docker Swarm 也是由 Docker 原班人马开发的，可以很容易地将 Docker Machine 所配置的服务器并联在一起进行操作。

❏ Apache Mesos 是当前最热门的数据中心管理系统。Mesos 可以实现数据中心的高度自动化资源分配和管理，具有本地 Docker 资源管理插件，非常适合对 Docker 集群进行资源的分配和管理。

❏ Jenkins 是当前最主流的连续部署和测试工具。Jenkins 可以自动化测试和部署所有步骤，将集群和开发人员分隔开来，以保证集群的安全运行。

实时消息队列和 RabbitMQ

7.1 实时消息队列

如果说 Docker 等虚拟机管理平台是一个系统的根基，那么消息队列就是一个系统的主心骨。消息队列负责在一个复杂系统的多个服务中传递、分发消息。架构人员通过多年的经验，往往都会意识到，消息队列的正确使用，是系统稳定、扩展方便的必要条件。其原因总结起来有以下几点。

（1）融合不同的服务

实时机器学习信息往往需要经过多重处理，与多个服务交互才能最后完成机器学习处理的任务。这些服务可能是由不同的编程语言编写的，具有不同的访问和使用方式。如果让服务之间直接通信，那么 n 个服务需要编写 $n(n-1)$ 个访问方式，这大大加重了开发人员的工作，也增加了维护难度。

如果采用消息队列作为中转枢纽，对消息读取和存储的方法都统一标准化了，每个服务都只需按照消息队列的读取方法来读取数据，这样则会大大降低开发和运维的难度。

（2）抽象化服务界面

实时机器学习系统所需要处理的任务数量往往是随时间的变化而变化的，为保证延迟在可以容忍的范围之内，其要求后端处理系统能够自由伸展，以满足任务数量的变化；同时也需要设计的架构能够缓冲突然到来的大量任务，这个时候消息队列也起到了缓冲对后端系统冲击的作用。

（3）标准化监控和警报系统

后端系统往往会设置访问计数器，以监控正常处理和异常的消息数量。如果为每个服务开发一个访问数量计数器，那么势必会增加开发和运维的负担。通过消息队列这一枢纽进行监控和警报，将会大大降低开发成本，获得的数据也会更加真实可信。

例如，在一个电商网站支付的后台里面，往往需要对每笔交易进行作弊监测。正确地判断虚假交易，以保护消费者和平台的利益。为了进行作弊监测，可以使用监督式机器学习模型，结合多方面的信息进行判断。这些信息的来源可能包括交易物品的描述、交易双方的用户情况、交易的时间、数额。如图 7-1 所示，当一个作弊监测任务到达机器学习集群的时候，首先需要读取以上信息，这就需要分步骤从兄弟部门读取相关信息，对信息进行预处理，转换为机器学习模型可以使用的格式，最后运用模型做出判断，并且将判断的结果保存在服务器上。

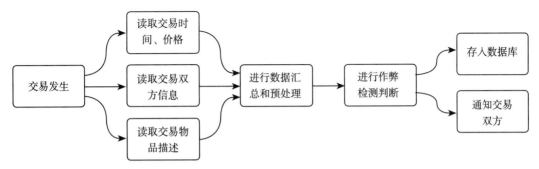

图 7-1 电商环境中作弊检测流程图

这样一个流程的各个步骤需要和不同的服务产生交互，并且处理时间也不一样。与此同时，任务的产生也是随机的，比如，在情人节晚上产生的交易较少，双十一期间产生的任务数量较多。这就需要服务器能对任务进行缓冲，保证服务器集群稳定；同时服务器集群需要可以自由伸缩，在任务繁重的时候可以提高处理能力，任务较少时可以降低任务处理效率，减少资源消耗。

另一方面，业务的变化往往需要不停地更新数据处理的方式，这也就使得实时机器学习流程的拓扑结构必须能够轻易改变，而不用完全重构代码。还是以电商作弊监测为例，假设因为微信电商业务的需要，要在处理的数据源中加入微信聊天记录数据源，采用了分布式消息队列之后，只需要在数据汇总步骤之前，和已有构件平行添加一个微信数据读取服务即可。一个设计优良的实时流式处理系统，可以让开发人员方便地加入这一部件，而不用大规模重构代码。

现今市面上存在很多非常优秀的分布式消息系统，例如本章将会介绍的 RabbitMQ、非常受欢迎的 ZeroMQ，以及闭源的 AWS Simple Queue Service 等。这里选择 RabbitMQ 进行介绍，因为它是所有消息队列中最为成熟的一个。RabbitMQ 的设计完全依据于高阶消息队列协议（Advanced Message Queuing Protocol，AMQP），熟悉了 AMQP 的基本概念，大家对消息队列的选择将会得心应手，上手其他消息队列也会非常容易。

7.2 AMQP 和 RabbitMQ 简介

本章下面的内容将会围绕 RabbitMQ 的理论结构和实战用法来进行介绍。在介绍 RabbitMQ 之前，先来介绍一下 RabbitMQ 在设计上遵循的 AMQP。AMQP 全称是 Advanced Message Queuing Protocol（高阶消息队列协议）。这一协议发表于 2003 年，当时金融市场的 IT 化正在进行，摩根大通（JP Morgan Chase）的程序员 John O'Hare 意识到了实时消息传导在金融系统中的重要作用，提出了高阶消息队列协议，用于抽象化消息传导的各种模式。这一协议提出后随即受到众多工业界领军组织的重视，AMQP 不久之后就成为了消息队列的工业界标准。

在 AMQP 中，实时数据处理的流程抽象为以下三个成分。

❑ 消息产生者（Producer）：是指整个实时任务流程产生的源头，可能是网页前端、上游服务等。

❑ 消息中介（Message Broker）：是指搜集整理实时数据任务，并指派到下游任务的成分，这里主要由分布式队列服务如 RabbitMQ 等担当。

❑ 数据的消费者（Consumer）：是指下游对数据进行处理的服务，可能是具有无状态性可以自由伸缩的的服务器集群，也可能是储存数据库、搜索引擎等。

RabbitMQ 的身世具有传奇色彩。本书作者还在吃奶的时候（1986 年），作者的父母刚刚知道世界上有大哥大这样一个神奇高洋的物品，爱立信（没错，就是电信巨头爱立信）的研究员们就意识到了高并发（concurrent）、稳定的编程语言的重要性，开发了 Erlang 这一语言。从此 Erlang 成为了爱立信通信核心技术的开发语言，在爱立信的 3G、LTE 网络等技术中都有广泛应用。得益于 Erlang 语言对高并发高可用性应用场景的支持，自然而然的，Erlang 后来成为了 RabbitMQ 的开发语言。

RabbitMQ 的开发始于 2007 年，到本书写作时为止，RabbitMQ 已经成为了最主流、最稳定的分布式消息队列。RabbitMQ 具有成熟的系统架构和完备的图形化管理监控界面，被 Instagram、Reddit 等众多互联网公司所采用。另外，现在 RabbitMQ 已经变成了一套非常成熟的服务，主流编程语言如 Java、Python 等都有 RabbitMQ 的客户端。本书将使用 RabbitMQ 的 Python 客户端完成所有操作。

7.3 RabbitMQ 的主要构成部分

RabbitMQ 的强大和完备的设计理念是密不可分的。本节将介绍 RabbitMQ 相关的 AMQP 中的主要概念。RabbitMQ 根据 AMQP 设计而成，掌握以下概念之后，就算你日后需要使用其他基于 AMQP 的分布式队列，也可以很容易地转换环境。

1. 消息

消息（Message）是在 RabbitMQ 队列中存在的数据的基本单元。一条消息可能是一个网页点击信息、一封电邮，或者一个用户上传的图片。消息由以下几个主要部分组成。

❏ 消息负载（payload）：负载是最核心的消息数据。对于 RabbitMQ，消息负载可以是任何二进制数据，例如可以是 JSON、Thrift 等结构化数据包。

❏ 路由名（routing key）：消息到达 RabbitMQ 之后应该被送到哪一条队列？这样的规则是可以通过路由名来确定的，每个消息队列都有一个对应的路由名。

❏ 投递保证（Delivery Persistence）：设置有投递保证的消息会存储到 RabbitMQ 服务器的硬盘中，如果遇到服务器断电的情况，该消息也不会丢失。这特别适合于金融、物流等应用场景。

另外在分布式系统应用中，往往会遇到服务器重启、死机等情况。举个例子，如果李雷通过 RabbitMQ 发送了一条消息给韩梅梅，韩梅梅的电脑在收到消息之后、处理之前死机重启了，怎么才能保证能够成功处理该消息呢？AMQP 的设计者们早就意识到了这个问题，制定了一套消息确认（message acknowledgement）机制。具有消息确认需求的消息，只有在下游处理机制返回处理完成消息（ack）之后，才会从队列里面移除。如果下游处理机制出现读取之后死机重启的情况，该消息会重新加入到队列里面，等待再次处理。

2. 消息队列

消息队列（Queue）是 RabbitMQ 中进行消息存储、读取的基本原件。每个 RabbitMQ 服务器上均可以安排多个消息队列，每个队列均可以进行配置，具有不同的名称、存储属性、路由名称（routing key）等特性。

这里存储属性（queue persistence）与前面对消息的介绍中提到的机制类似。如果存储属性里设置了需要本地存储，那么如果发生服务器重启等事件，这个队列里面的信息就不会丢失掉。

3. 网络连接

RabbitMQ 往往是以一个分布式消息集群的形式存在于一个系统中的，其他使用者需要通过网络连接的方式与之对接。RabbitMQ 底层采用 TCP 客户端与服务器之间进行通信。与此同时，每个应用程序都可能需要同时与多个 RabbitMQ 消息队列互相通信。为了合理利用 TCP 连接资源，RabbitMQ 的网络连接被分为以下两层。

❏ 连接（connection）：每个连接都是一个独立的客户端和服务器端之间的 TCP 连接。

❏ 频道（channel）：每个频道都有一个独特的数字代表，频道之间的任务是相互独立的，但是在底层运行的时候都是通过同一个连接来完成服务器和客户端之间的通信的。

另外 RabbitMQ 对身份验证、消息加密都有很好的支持，客户端和服务器端可以通过 SSL 加密连接，以保证通信的安全性。

4. 消息交换中心

一条消息到达 RabbitMQ 服务器之后，是如何分配到各个消息队列的呢？这个重要的任务是由消息交换中心（exchange）完成的。每个 RabbitMQ 服务器往往会承载多个消息队列，消息交换中心担任着邮递员一样的职能，根据既定的规则将各个消息送到所需的队列中去。这样的规则可能是一对一，也可能是一对多、多对多，甚至可以有更复杂的规则。

实际消息传导的应用中，消息分发的机制可以多种多样。例如，对于股票和期权的实时报价，可能需要增加规则按照对应证券的种类将数据分配到不同的队列上去。我们可能会将股票报价放入股票报价队列，期权报价放入期权报价队列。

7.4 常用交换中心模式

RabbitMQ 服务器集群按照设计可以配置成各种结构，以满足不同业务的需求。简单的，RabbitMQ 服务器可能只包含一个单服务器，以满足本地简单非关键性任务；复杂的，RabbitMQ 服务器可能会分布在全国各地，形成一个消息网络集群。消息在这么复杂多变的拓扑结构中传播，自然需要有效的控制调配手段。这样的工作是通过配置消息交换中心来完成的。RabbitMQ 提供了四种消息交换中心结构，下面将分别介绍。

7.4.1 直连结构

直连结构（direct exchange）是 RabbitMQ 最基本的交换中心模式。在直连结构中，消息（message）在路由名（routing key）中将自带所要到达的队列的名称。该消息将通过直连结构交换中心，到达和路由名同名的队列（如图 7-2 所示）。

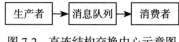

图 7-2　直连结构交换中心示意图

例如，在实时股票价格预测场景中，需要将最新的股票价格加入到报价队列中，每一条最新报价的路由名只需要和队列名同名，消息即可被送达。

7.4.2 扇形结构

有的时候，我们需要将一条消息同时送达多个队列，这个时候就需要扇形结构（fanout exchange）来帮忙了。

如图 7-3 所示，在进行实时订单处理的场景中，可能需要同时对订单数据进行储存和机器学习判断，我们可以建立两条消息队列，分别对应于订单存储和机器学习判断。当新订单到达时，该消息将会被同时送往数据库存储队列和机器学习处理队列。

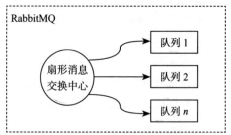

图 7-3　扇形结构消息交换中心

7.4.3　话题结构

有的时候，消息的发出者并不清楚具体要将消息发向什么队列，只能将消息的性质通过话题的形式呈现在路由名中，让 RabbitMQ 的消息交换中心按照规则决定如何派送消息，这样的模式称为话题结构（topic exchange）。

话题结构非常适合在系统前端进行消息分类。如图 7-4 所示，在一个门户网站分析的场景中，我们往往需要对网页访问、点击进行分别处理，需要将访问和点击分别投入访问队列和点击队列中；与此同时，这些网站浏览行为可能来自于移动端和桌面端，我们还需要将这些信息分别投入移动队列和桌面队列中。为了能够对这些消息进行快速分类，可以采用话题结构模式，具体是，在 RabbitMQ 消息交换中心内，路由名采用 [访问 / 点击].[移动 / 桌面] 的格式，这样我们根据设计交换中心消息分发的规则，将满足 [点击 .*] 规则的消息全部投入点击队列，将满足 [*. 移动] 规则的消息全部投入移动队列。如果一条消息是来自于移动端的点击，那么它会被同时投入移动队列和点击队列两条队列中。

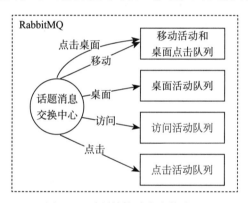

图 7-4　话题结构消息交换中心

7.4.4　报头结构

当然，有的时候消息投递规则会变得异常复杂，以至于以上三个方式都无法轻易满足需求，这个时候可以采用报头结构（header exchange）。为了满足更复杂的数据结构，消息交换中心需要决策的依据不再来源于消息所带的路由名，而是来自于消息本身的报头（header）。报头结构中，每个目标队列都有自己的一组逻辑，报头内容满足该逻辑的消息才会被传送到该队列中。这些逻辑可能是"与"也可能是"或"，甚至更复杂。

7.5　消息传导设计模式

介绍完了 AMQP 0-9-1 的主要构成部件，现在就可以介绍消息传导的主要模式了。消息传导模式主要通过交换中心、队列及队列发起方的排列组合来完成。本节将讨论较为常见的消息传导方式。

7.5.1 任务队列

在一个实时机器学习系统中，往往需要将一个队列中的任务分配到多台工作服务器上，分别进行处理。其中每台工作服务器都具有无状态性的特点，部署的代码也完全相同。这些工作服务器只需要不停地从一个工作队列中获取任务，进行处理即可。如有需要，在完成任务后进行反馈，告知队列任务已经完成。这样的消息传导系统称为任务队列模式。

任务队列模式往往由直连结构的交换中心和单一消息队列组成。多个消费者同时连接到队列，从中读取任务，分别完成。如图 7-5 所示。

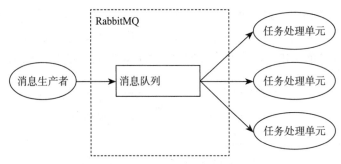

图 7-5　RabbitMQ 任务队列

任务队列非常适合于耗通量较大、耗时不定的任务处理。例如在电商进行交易甄别的应用场景中，每一个交易都需要通过机器学习模型进行判断，而判断的时间可能会因为网络延迟、模型复杂度等原因有所变动，所以可以通过任务队列模式对甄别任务进行集中处理。

注意，在任务队列模式中，理想情况下，每一条消息只经过队列一次，并且只被一个消息消费者读取和处理，这与后文的发布 / 监听模式是不同的。

7.5.2 Pub/Sub 发布 / 监听

有的时候我们需要将同一个消息发往多个不同的处理功能部件，分别进行处理。这个时候就出现了 Pub/Sub（发布 / 监听）模式。发布 / 监听模式的 RabbitMQ 队列由扇形交换中心和多个队列组成，扇形交换中心将同一个消息同时发布到每个相连的队列，每个队列的消费者可以按照自己的进度分别进行处理。其架构如图 7-6 所示。

发布 / 监听模式适用的应用场景包括对数据分别进行处理的情况。例如，在实时股票报价预测中，当一条新的报价信息到达队列时，可能要对其进行数据库存储、可视化、预测等多种处理，每个处理机制所消耗的时间是不一样的。这个时候可以通过发布 / 监听结构的队列，将同一条消息分别发送到数据库、可视化集群及预测集群所对应的队列中，分别对其进行处理。

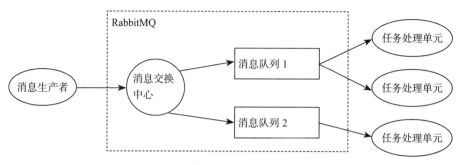

图 7-6　RabbitMQ 的 Pub/Sub 模式

在传统编程中，这样的分任务模式往往会写成异步处理程序逻辑。通过 RabbitMQ 的配置，数据的分发将会直接标准化，这大大降低了开发负担，减少了出错概率。

和前面介绍的任务队列模式相对比，每条消息都会经过发布 / 监听模式中的所有队列，并且会由多个消息消费者来读取。

7.5.3　远程命令

前面介绍的任务队列模式中，每个消息处理完成之后都会直接放给下游服务，而不会回传给消息产生者。如果消息发生者需要继续使用处理完的消息，那么这里就要轮到 RPC（Remote Processing Call，远程命令）模式出场了。

RPM（远程命令模式）的队列由同一消息发送方、消息发送队列、消息回复队列，以及消息处理服务器组成。进行远程处理时，消息发送方将消息发入消息发送队列，消息处理服务器从队列中读取消息，进行处理，并将结果放入消息回复队列，最后由消息发送方读取，继续后面的操作，如图 7-7 所示。

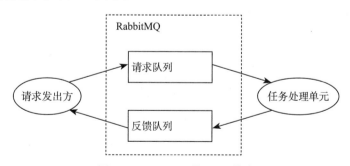

图 7-7　RabbitMQ 的 RPC 模式

RPC 模式很适合于处理那种任务需要耗费较多时间，或者处理任务与当前系统语言不一样等的情况。例如在实时机器学习应用中，机器学习部分可能是由 Python 编写的，且执行耗时较长，而其他系统架构可能是由 Java 编写的，那么通过 RPC 模式，就可以将任务分发到机器学习模型处理集群上，处理完成后再回到其他系统架构上。另外，RPC 模式下的模型单元与系统中的其他单元会隔离开来，利用 Docker，可以非常简便地撤换模型，甚至实现实时无间断模型替换。

上面介绍了三种与实时机器学习有关的 RabbitMQ 队列模式。AMQP 是非常灵活的，可以按照实际需求进行增减，设计出更符合需求的队列模式。在下面的几节中，我们将会在具体应用场景中体会 RabbitMQ 在实时机器学习中的应用。

7.6 利用 Docker 快速部署 RabbitMQ

使用 Docker 安装 RabbitMQ 是一件轻而易举的事情。只需使用以下命令即可开启一个 RabbitMQ 的容器虚拟机：

```
docker run -d -p 5672:5672 rabbitmq:3
```

这里将会开启 RabbitMQ 服务器上的 5672 端口。该端口是 RabbitMQ 客户端和服务器端的通信端口。

实际应用中仅仅有一个队列服务器是完全不够的，还需要有图形化的状态监控界面，以及服务器集群，以保证长时间稳定运转。RabbitMQ 的开发者早已预计到了这样的需求。RabbitMQ 具有插件功能，能够安装支持第三方开发的插件。Management（管理）插件就是其中最为常用的一个。要使用已安装好 Management 插件的 RabbitMQ 容器虚拟机，只需要以下命令即可：

```
docker run -d \
    -p 5672:5672 \
    -p 15672:15672 \
    -e "RABBITMQ_DEFAULT_USER=student" \
    -e "RABBITMQ_DEFAULT_PASS=happylearning123 \
    rabbitmq:3-management
```

这里使用了rabbitmq:3-management 这一容器镜像，新增开放了 15672 端口，作为 RabbitMQ 网页管理器的端口。另外通过 -e 设置了虚拟机镜像的环境变量，内含的用户名和密码将会用于登录 RabbitMQ 网页管理界面。这个时候访问 http://localhost:15672，将会出现如图 7-8 中所示的登录界面。

使用前面环境变量中所设置的用户名和密码登录，就可得到如图 7-9 所示的主管理界面。这个管理界面允许我们通过可视化操作进行一些基本实验、查阅服务器状态并且管理登录用户名称等操作。

对应前文提到的 RabbitMQ 的主要组成部分，这个操作界面上有六个标签，里面的信息是进行快速查错不可或缺的部分，对应的功能分别如下。

❑ 服务器总览（Overview）：这是登录到 RabbitMQ 管理页面的首页，主要内容包括服务器的主要状态、链接、频道、交换中心及队列的个数等总和信息。

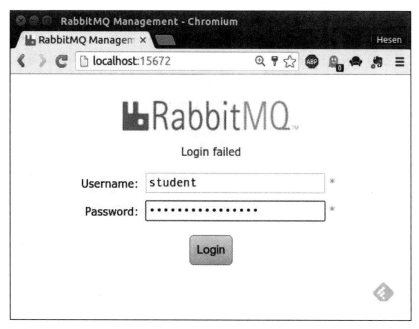

图 7-8 RabbitMQ 网页管理界面的登录界面

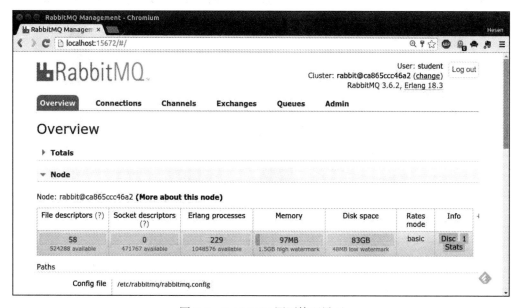

图 7-9 RabbitMQ 网页管理界面

❑ 连接（Connections）：该标签会显示与 RabbitMQ 相连的连接的具体信息，细化到每个连接的地址、用户名、当前状态、加密方式、传输速度等。

❑ 频道（Channel）：每个连接都可能会对应多个频道。该标签会显示每个频道的状态、队列中的消息个数、传输速率等。

❑ 交换中心（Exchange）：该标签包含与交换中心有关的所有信息。可以从这里浏览到
当前服务器下所有交换中心的列表，以及每个交换中心的协议方式等。从这个网页
标签里面也可以通过手动选项，添加和删除新的交换中心。

❑ 队列（Queue）：该标签包含所有队列的具体信息。用户也可以在这个页面上手动添
加新的队列。更为方便的是，用户可以点击每个队列，查看队列的具体信息，并手
动发送消息。如图 7-10 所示，这个界面显示了一个队列 hello 的队列信息（queued
message）和消息到达速率（message rate），这是非常重要的消息监测手段。同时为
了方便开发人员的调试工作，RabbitMQ 的管理界面允许开发人员通过网页操作向任
何一个队列中发送和接收消息。如图 7-11 所示，在每个队列管理界面的发送消息区
（Publish Message），可以向该名为 hello 的队列发送任意消息；同时也可以在接收消
息区（Get Message）接收消息。这大大简化了开发人员的调试工作。

RabbitMQ 可以说是开放源代码社区中分布式系统的典范。首先它具有非常稳定的性
能，可以完成当今工业界最艰巨的任务。与此对比，其他队列工具，如 Kafka，就需要额外
花费大量精力来配置管理界面。

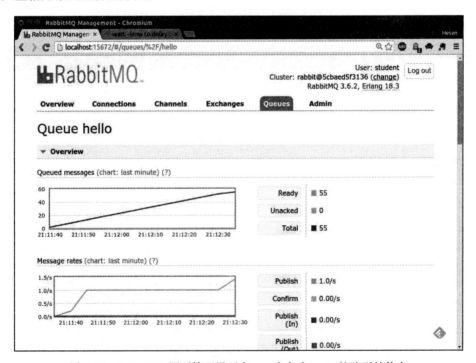

图 7-10　RabbitMQ 网页管理界面中，一个名为 hello 的队列的信息

如图 7-11 所示，在 RabbitMQ 网页管理界面的队列界面下，用户既可以很方便地通过
网页管理界面发送信息，又可以通过网页管理界面接收信息。

图 7-11　RabbitMQ 网页管理界面中提供了很方便的工具，以用于发送信息和接收信息

7.7　利用 RabbitMQ 开发队列服务

继续前面利用机器学习模型对股票走势进行预测的例子，本章将通过 RabbitMQ 来实现实时股票数据的分发、存储和处理。通过本节的例子，我们将会学习和体会 RabbitMQ 的以下功能。

- ❏ 创建队列，并向队列中发布消息。
- ❏ 监听队列，并完成实时处理。
- ❏ 利用扇形消息交换中心实现消息分发。

本章将要实现的架构也是本书最为复杂的架构，整体效果如图 7-12 所示。总的来说，该架构包含了下面三个主要成分。

- ❏ RabbitMQ：用 RabbitMQ 作为整个架构数据集散的核心。其实现了原始和预测数据的分发、缓存的功能，同时还作为不同服务之间的桥梁，承载了整个架构。
- ❏ 实时报价存储服务：这里用 LogStash 和 Elasticsearch 对数据进行存储。后面的章节（第 9 章）中，将会利用 Elasticsearch、LogStash、Kibana 集群对数据实现实时可视化。
- ❏ 实时价格变动预测服务：这里利用前面章节（第 4 章）中建立的 Scikit-learn 预测 Pipeline 对股价变动进行预测。为了保证预测服务器的无状态性，我们将报价数据缓存在了 Redis 高速缓存中。

为了提高代码在本书中的可读性，我们对该架构的功能进行了大刀阔斧的简化，整个架构只能预测单一股票的价格变动。如果读者有兴趣在实际环境中运用此架构，还需要进行若干修改。本节的末尾提出了多项值得改进的方向，建议有兴趣的读者进行尝试。

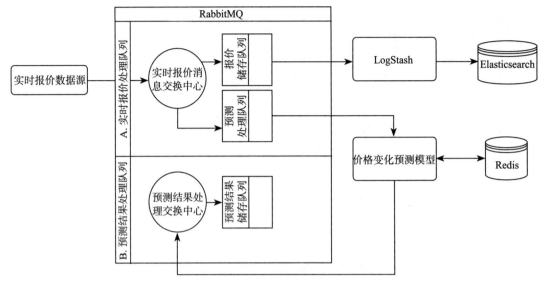

图 7-12   RabbitMQ 实时股价走势预测系统架构

7.7.1   准备案例材料

下载本章实例程序和数据，只需要从本书官方 Github 站点下载代码即可：

```
git clone https://github.com/real-time-machine-learning/4-rabbitmq
```

本章会运用到 Docker 作为集群配置的方法，其余软件均通过 Docker 配置安装。只需在命令行的本章节代码目录中运行以下代码，即可启动该集群：

```
docker-compose up
```

另外，本案例使用了 Elasticsearch 5.0 的 Docker 镜像，在某些电脑上（如笔者的），需要对系统环境变量进行少许调整，才能正常运行。需要运行以下命令：

```
sudo sysctl -w vm.max_map_count=262144
```

图 7-12 是 RabbitMQ 实时股价走势预测系统架构。作为本章案例，其将会实现实时报价处理队列（A）和预测结果处理队列（B）两个功能。

7.7.2   实时报价存储服务

实时报价存储服务可利用 RabbitMQ、LogStash、Elasticsearch 实现数据的实时存储。本部分架构如图 7-13 所示。

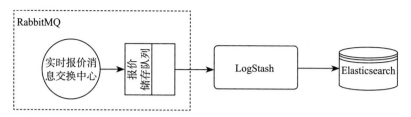

图 7-13　实时数据存储架构

其中各个成员的职责具体如下。

❑ RabbitMQ：利用扇形交换中心对实时报价数据进行分发，利用队列进行缓存。

❑ LogStash：运行初期，对 RabbitMQ 的队列进行配置和初始化，对 Elasticsearch 的存储索引进行配置和初始化。运行开始后，对实时到来的数据进行简单的转换，并且存储到 Elasticsearch 中。

❑ Elasticsearch：存储实时报价数据的索引。

本模块的 Docker Compose 配置文件具体如下：

```
rabbitmq:
    image: rabbitmq:3-management
    ports:
    - "8080:15672"
logstash:
    build: ./logstash/
    links:
    - rabbitmq
    - elasticsearch
elasticsearch:
    image: elasticsearch:5.0
    ports:
    - "9200:9200"
```

可以看到这里直接引用了 RabbitMQ 和 Elasticsearch 5.0 的 Docker 容器虚拟机镜像，并且进行了端口映射，以方便调试观察。

本部分架构看似复杂，但是配置工作量非常低：需要进行少许配置的只有 LogStash 一个服务。LogStash 是一个功能强大的开放源代码项目，其旨在整合数据的获取、转换和存储操作，将各种数据来源和存储工具通过 LogStash 进行整合，自动化其中的所有操作。所以不需要再编写任何代码，即可实现数据从 RabbitMQ 队列到 Elasticsearch 的转换和存储工作。

配置 LogStash 服务的 Docker 镜像只需要以下代码即可：

```
FROM logstash:5.0
MAINTAINER Hesen Peng (hesen.peng@gmail.com)
COPY sample-template.json /
COPY logstash.conf /
```

```
CMD ["-f", "/logstash.conf"]
```

请注意到这里使用了对 LogStash 的配置文件 logstash.conf，该配置文件如下：

```
input
{
    rabbitmq
    {
        host => rabbitmq
        exchange => stock_price
        exchange_type => fanout
        queue => random_queue
    }
}
```

其内容非常直观，包含了输入、输出配置两大部分。输入部分，告诉 LogStash 输入的来源是 RabbitMQ，其中服务器地址为 http://rabbitmq，消息交换中心名为 stock_price，消息交换中心为扇形交换中心，读取的队列名为 random_queue。

LogStash 支持消息队列、文件、Github、传统关系型数据库等多种输入来源。对于大多数应用场景，只需要少许配置，即可完成作业。下面是其中最新的文档列表链接地址 https://www.elastic.co/guide/en/logstash/current/input-plugins.html。

在输出配置中，我们告诉 LogStash 输出的目的地是 Elasticsearch，服务器地址为 http://elasticsearch，存储数据的索引名为 stock_price-[日期]，文件类型名为 tick-price。为了配置该文件类型，这里还引入了配置文件 sample-template.json，其对所有以 stock_price 开头的索引都适用：

```
output
{
    elasticsearch
    {
        hosts => elasticsearch
        index => "stock_price-%{+YYYY.MM.dd}"
        document_type => "tick-price"
        template => "/sample-template.json"
        template_name => "stock_price-*"
    }
}
```

类似的，LogStash 的输出格式支持也是多种多样的，其中常用的包括传统关系型和非关系型数据库、Elasticsearch、Email、各种消息队列。对于常用的操作，也只需要进行少许配置。这里有最新的官方文档 https://www.elastic.co/guide/en/logstash/current/output-plugins.html 。

对 Elasticsearch 的索引配置文件属于 JSON 格式，内容非常直观。这里的主要目的是设置输入数据的每个字段，我们对股票代码（symbol）、时间戳（timestamp），以及价格

（price）分别设置了对应的格式。后面的章节中将会对 Elasticsearch 做深度介绍。

```
{
    "template":"stock_price-*",
    "mappings":{
        "counter":{
            "properties":{
                "symbol":{
                    "type":"text"
                },
                "timestamp":{
                    "type":"date"
                },
                "price":{
                    "type":"float"
                }
            }
        }
    }
}
```

7.7.3 实时走势预测服务

在实时走势预测服务中，我们力求使用前面章节训练的机器学习模型实时预测苹果公司股价的走向。本部分架构如图 7-14 所示，该部分由 RabbitMQ、Redis 和 Python Scikit-learn 预测程序构成。每个成员的职责具体如下。

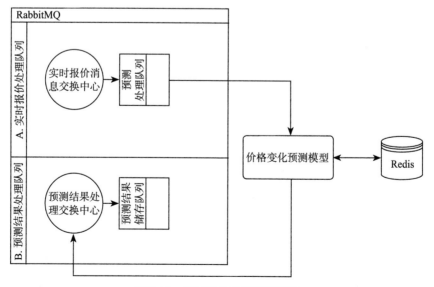

图 7-14　实时股价走势预测服务

❑ RabbitMQ：利用扇形交换中心对实时报价数据进行分发，利用队列进行缓存。

❑ Redis：缓存最近时间段的股票报价信息。

❑ Scikit-learn 预测服务：在运行初期对 RabbitMQ 队列、Redis 存储进行初始化。在运行过程中，更新并读取 Redis 缓存中最近时间段的报价，进行预测，并将预测结果发送到预测结果队列中。

该部分架构的 Docker Compose 配置文件具体如下：

```
rabbitmq:
    image: rabbitmq:3-management
    ports:
     - "8080:15672"
ml_model:
    build: ./ml-model
    links:
     - rabbitmq
     - redis
redis:
    image: redis
    ports:
     - "16379:6379"
```

可以看到这里直接引用了 RabbitMQ 和 Redis 官方镜像，需要代码编写的部分仅为 ml_model 容器虚拟机的内容。

配置 ml_model 的 Docker 容器虚拟机镜像只需要以下内容：

```
FROM python:3.5
WORKDIR /model_service/
COPY requirements.txt /model_service/
RUN pip install -r requirements.txt
COPY *.py /model_service/
COPY *.PyData /model_service/
COPY *.npy /model_service/
CMD ["python", "model_service.py"]
```

本部分架构的关键存储在 model_service.py 这一文件中，它是数据处理、走势预测的核心，下面就来条分缕析地进行介绍。

首先，需要载入相关程序包，其中包括 RabbitMQ 的 Python 客户端 pika、Scikit-learn 相关模块及 Pandas。然后将 Redis 的基本操作放入 RedisDataBridge 类中，RedisDataBridge 类负责进行数据导入工作：

```
import pika
import time
import json
import logging
from sklearn.pipeline import Pipeline
from sklearn.externals import joblib
import pandas as pd
```

```
from timeseriesutil import *
from redis_operation import RedisDataBridge
logging.getLogger().setLevel(logging.INFO)
```

在运行初期，需要对 RabbitMQ 的队列和消息交换中心进行初始化。我们会初始化一个名为 stock_price 的扇形消息交换中心，并且将名为 ml_queue 的队列和该交换中心进行配对。至此，该交换中心已经和两个队列进行了配对，到达该交换中心的所有信息，都会同时分发到两个队列中进行处理：

```
rabbitmq_host = "rabbitmq"
live_data_exchange_name = "stock_price"
live_data_queue_name = "ml_queue"
result_exchange_name = "prediction_result"
result_queue_name = "prediction_result_queue"
connection = pika.BlockingConnection(
    pika.ConnectionParameters(host = rabbitmq_host,
                              connection_attempts = 10,
                              retry_delay = 20))
logging.info(" 成功连接 RabbitMQ %s" % rabbitmq_host)
channel_live_data = connection.channel()
channel_live_data.exchange_declare(exchange = live_data_exchange_name,
                                   type = "fanout")
channel_live_data.queue_declare(queue = live_data_queue_name,
                                exclusive = True)
channel_live_data.queue_bind(exchange = live_data_exchange_name,
                             queue = live_data_queue_name)
```

注意，这里对消息交换中心进行了定义，但在 7.7.2 节，通过 LogStash 也对这一同名消息交换中心进行了初始化，是否会出现定义撞车的问题呢？RabbitMQ 的创始人早就意识到了这一问题，让交换中心和队列的定义具有了幂等（idempotent）的性质，也就是说，同名的对象通过多次初始化，不会改变性质。

利用机器学习模型对前来的数据进行预测分析之后，需要将结果传入下游系统中进行使用。这里仍然利用 RabbitMQ，将分析完成的数据放入一个 RabbitMQ 的扇形交换中心，下游使用预测结果的服务只需要读取对应该扇形交换中心的队列即可：

```
channel_results = connection.channel()
channel_results.exchange_declare(exchange = result_exchange_name,
                                 type = "fanout")
channel_results.queue_declare(queue = result_queue_name)
channel_results.queue_bind(exchange = result_exchange_name,
                           queue = result_queue_name)
```

实战中往往需要读取除了队列之外的其他数据。这里利用 Redis 对最近多次的报价进行了缓存。下面就来创建与 Redis 高速缓存之间的连接：

```
redis_data_bridge = RedisDataBridge("redis", read_length = 12)
```

下面就是本模块的关键之处：Python 客户端接收到 RabbitMQ 消息之后，会通过回呼（call back）的方法运行对应的操作。这里将所有回呼操作定义在一个名为 ProcessPrice 的函数中。下面的代码完成了该函数和队列的绑定，并且开始处理程序：

```
channel_live_data.basic_consume(ProcessPrice,
                                queue = live_data_queue_name,
                                no_ack=True)
logging.info(" 成功完成初始化，开始接收消息 ")
channel_live_data.start_consuming()
```

ProcessPrice 函数执行的内容包含将数据存储到 Redis、读取最近数据、进行预测，最后将结果存储到队列中四部分。

```
model = joblib.load("saved-stock-pipeline.PyData")
def ProcessPrice(channel, method, properties, body):
    data = json.loads(body.decode("utf-8"))
    symbol = data["symbol"]
    timestamp = data["timestamp"]
    price = data["price"]
    redis_data_bridge.update_quote(symbol, price, timestamp)
    price_data = redis_data_bridge.get_latest_quote(symbol,
                                                    read_length = 11)

    if price_data.shape[0] >= 11:
        prediction = model.predict(price_data)[0]
        logging_data = {"symbol": symbol,
                        "timestamp": timestamp,
                        "prediction": prediction}
        channel_results.basic_publish(exchange = result_exchange_name,
                                      routing_key = "",
                                      body = json.dumps(logging_data))
```

这里 Redis 数据相关操作都被放到了 RedisDataBridge 这一类中。具体内容如下。首先引入了相关模块：

```
import redis
import json
import pandas as pd
import pickle
```

其中 RedisDataBridge 主要包含两个函数：添加新的单个数据到缓存中（update_quote）和读取最新数据（get_latest_quote）。具体内容如下：

```
def parse_response_core(input_blob):
    return pickle.loads(input_blob)
def parse_response(input_blob_list):
    pandas DataFrame"""
    parsed_list = list(map(parse_response_core, input_blob_list))
    return pd.DataFrame(parsed_list)
class RedisDataBridge():
```

```
    def __init__(self, host, read_length = 12, price_prefix = ""):
        self.client = redis.Redis(host = host)
        self.read_length = read_length
        self.price_prefix = price_prefix
    def update_quote(self, symbol, price, timestamp):
        key = self.price_prefix + symbol
        value = {"timestamp": timestamp, "Close": price}
        self.client.lpush(key, pickle.dumps(value))
    def get_latest_quote(self, symbol, read_length= None):
        if read_length is None:
            read_length = self.read_length
        key = self.price_prefix + symbol
        result_blob = self.client.lrange(key, 0, read_length)
        result = parse_response(result_blob)
        return result
```

7.7.4　整合运行实验

如果你认真地读完了前面的代码，那么请将本书封面和这段话拍下来，发在朋友圈并为自己点个赞——你真是一位一丝不苟的好读者；如果你直接跳过了前面的代码来到这里，那么也请你将本书封面和这段话拍下来，发在朋友圈并为自己点个赞——你真是一位机智聪颖的好读者。

现在到了检验真理查看架构效果的时候啦。6.5 节介绍过了 Docker Compose 的用法，启动前面这个复杂的集群只需下面的命令即可：

```
docker-compose up
```

输入命令之后，一般情况下，你会看见大量的日志输出，其中需要注意的是在 model-service.py 中输出的几个日志序列。例如在笔者的电脑上运行输出了如下的信息：

```
ml_model_1 | INFO:root:成功连接 RabbitMQ rabbitmq
ml_model_1 | INFO:root:成功完成初始化，开始接收消息
```

这代表模型预测模块已经初始化完成。由于该模块的初始化需要依赖于 RabbitMQ，因此这个时候可以登录到 RabbitMQ 的管理界面中进行实验操作。

RabbitMQ 的管理镜像让我们可以轻易地通过图形化界面进行调试和实验。在前面 Docker Compose 的配置中，我们将 RabbitMQ 的管理页面映射到了运行服务器的 8080 端口上。现在，只需要访问 http://localhost:8080，即可登录 RabbitMQ 的管理界面。这里可能会用到访客用户名和密码（均为 guest）。

点击并进入页面顶端的 Exchange 标签（消息交换中心管理界面），可以看到列表中已经有了名为 stock_price 和 prediction_result 的两个消息交换中心。它们的交换中心类型都是扇形（fanout），如图 7-15 所示。

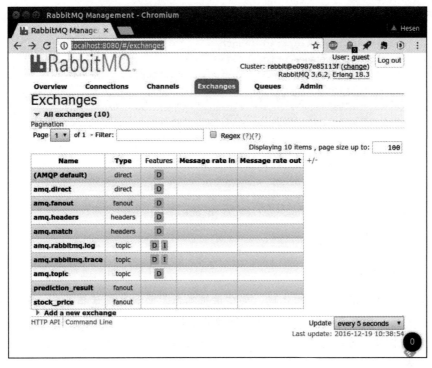

图 7-15　当前 RabbitMQ 中的消息交换中心列表

　　点击 stock_price 交换中心，可以来到其专属的配置调试页面。点击 Bindings（连接）一栏，可以看到与它相关联的两个消息队列 ml_queue 和 random_queue，如图 7-16 所示。

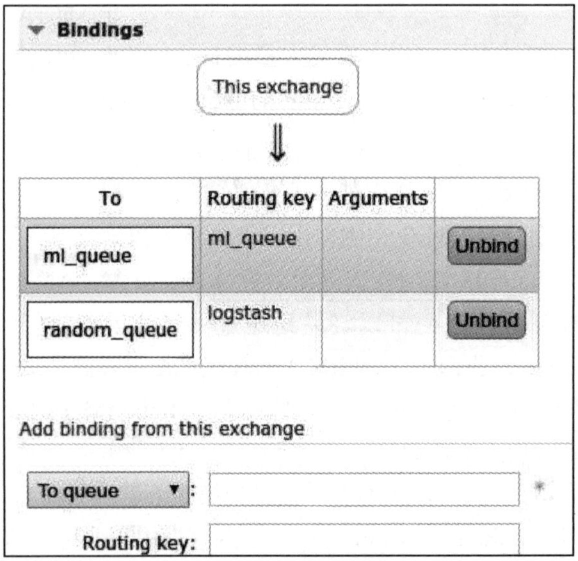

图 7-16　和 stock_price 相关联的两个消息队列

与此同时，RabbitMQ 的管理界面使得可以轻易地向消息交换中心和队列中加入测试信息，在当前 stock_price 消息交换中心页面的 Publish Message（发布消息）一栏中，可以输入一条消息，以测试下游服务的反馈，如图 7-17 所示。

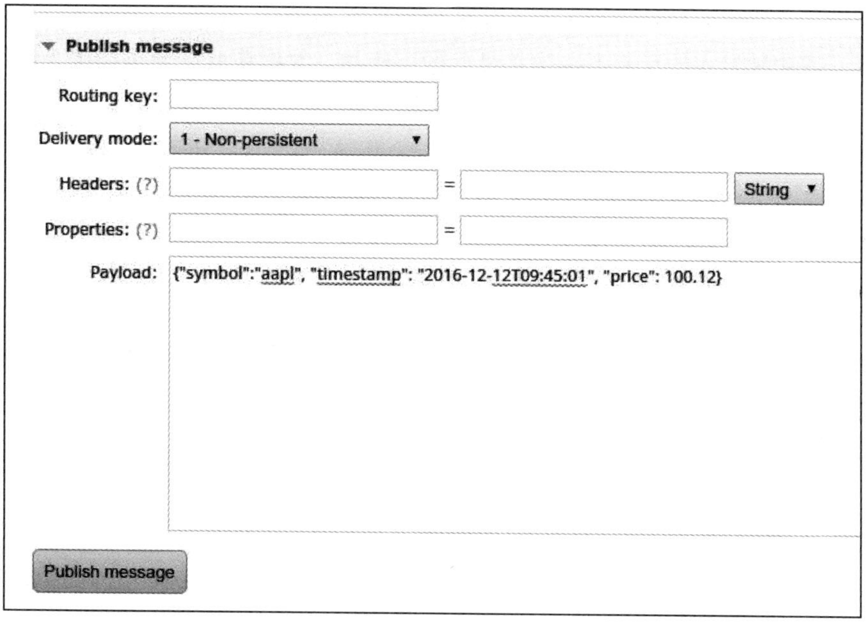

图 7-17　向 stock_price 消息交换中心发布实时报价信息

```
{"symbol":"aapl", "timestamp": "2016-12-12T09:45:01", "price": 100.12}
```

上面的信息每发布一次，都可以在 Docker 集群的输出日志中看到最新的最近多次报价的信息。在报价输入积累到了 11 次以上之后，可以在 prediction_result_queue 队列信息中看到增加的预测结果信息。

最后，还可以通过 LogStash 将数据存储到 Elasticsearch 中去，本书将会在第 9 章详细介绍 Elasticsearch 的用法，为了满足大家的好奇心，可以通过以下命令查看部分 Elasticsearch 中存储的报价数据：

```
curl http://localhost:9200/stock_price-*/tick-price/_search
```

7.7.5　总结和改进

通过本案例，我们体会了用 RabbitMQ 作为机器学习架构的主心骨，连接各个相关服务的方式。为了降低本案例的阅读难度，本章对其中的功能进行了大幅删减。如果想用这个架构赚钱，还需要投入大量精力，对其进行完善和优化。当然，本书的目的是授人以渔，具体如何交易等问题就留给大家自己解决了。对于通用实时机器学习场景中的应用，这里提出以下几点改进的地方。

1. 预测激发模式

本案例中，每个预测都是被新数据的到来所启动的，如果没有新的数据到来，模型预测就不会启动。这样的模式适合于电商作弊检测、物流预报等场景，而对于自动化交易这样的场景，被动激发式的预测不一定是最优的。例如，数据获取来源可能因为网络原因延迟了新数据的发布，而这个时候系统中正在进行交易，在没有新数据到来的情况下，可能仍然需要进行一些交易，以防止损失。

为此，机器学习模块的激发可能应该更改为按时间间隔的激发模式。而机器学习预测模块的架构也就演变为如图 7-18 所示的模式，这样的架构设计保证了数据存储和预测模块的分离，更有利于系统的稳定性。这里新数据通过 LogStash 直接存储到了 Redis 高速缓存中，机器学习预测模型自发地从 Redis 缓存数据库中读取最新数据。这样自发启动预测的架构让机器学习模型的使用变得更灵活。与此同时，前端报价数据的处理和后端预测程序相分离，也更易于排错等工作的进行，更有利于系统的稳定性。

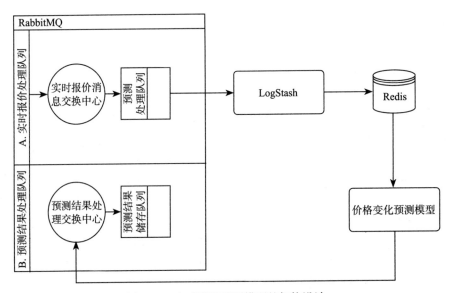

图 7-18　自动激发预测模型的架构设计

2. 模型自动更新

本案例中的模型是通过文件的形式在预测服务启动的时候被载入的。而实时机器学习的很多场景中，模型可能需要实时更新。模型实时更新在工业界中其实一直都是一个老大难问题，就连一些世界领先的公司，也仍然采取了一些非常落后的方式，让机器学习模型通过代码部署的途径被分发到机器学习集群中。这样的架构会大大减慢模型更新的速度，因为代码部署可能会带来服务重启等工作。

2016 年被苹果公司收购的 Turi 公司[⊖]在机器学习的运维方面做出了巨大贡献，该公司发布的 Turi Machine Learning Platform 中对机器学习的自动化部署做出了极具前瞻性的设计。可喜可贺的是该平台也在 Python 上编写，其思想可以很容易借用到其他场景中。

Turi 自动化模型更新的思想可以总结为以下三步。

1）创建模型预测对象，该对象包含机器学习预测模型和更新模型所需的消息队列，同时还可以通过调用该对象的预测函数进行预测。

2）更新模型的时候，新模型通过二进制包的形式被发布到模型更新队列中。模型预测对象从队列中读取新模型，更新自身内含的模型。这一步将在背景线程中完成。

3）在进行预测的时候，需要返回预测数据配备模型版本信息，以便后期分析。

这里传输模型所用的队列也可以被共享文件夹、云端位置等取代。

⊖ 该公司一直在改名字，也曾经叫作 Dato 和 GraphLab。

第 8 章

实战数据库综述

数据是一切机器学习系统的核心。这里的数据可能是狭义上的文本、数字等字段，也可能是图像、声音和模型。实时机器学习实战对数据库的要求尤为苛刻，所以在介绍完了基本 Docker 架构之后，本章就来对数据库进行重点介绍。

当然，现如今数据库的选择非常多，每种数据库的应用细化下来都可以写成一本专业的图书。本章力图介绍数据库的选择及架构设计中需要考虑的问题，使大家在实战中可以对数据库应用的各种情况考虑周全，在必要的情况下做出取舍和组合，甚至采用多个数据库共同完成数据存储、缓存和模型部署的工作。相信通过本章的学习，大家在自己的工作中对数据库的选择和系统架构的设计能有相应的体会。

8.1　SQL 与 NoSQL，主流数据库分类

相信大家对各种数据库的名字已经有所耳闻。Oracle 公司凭借其在企业级别数据库中的领导地位进入了世界五百强，并且拥有了难以撼动的地位；IBM 凭着其 DB/2 的核心优势，一直担当着我国金融数据库主心骨的重任；MySQL 作为开放源代码社区最悠久的数据库之一，支撑了众多大大小小的应用；亚马逊为自己的云服务开发了高可用、高可扩展数据库 DynamoDB；谷歌为了分析大量数据，设计并开发了 BigTable，成为了 Hadoop HBase 的前身……那么，对于这些门类繁多的数据库，会有什么规律呢？我们应该怎样进行选择？本节将会对数据库进行一个大致分类和介绍。

8.1.1　关系型数据库

关系型数据库（Relational Database Management System，RDBMS）是历史最为悠久的一类数据库。常见的关系型数据库包括开源的 MySQL、PostgreSQL，商业闭源的 OracleSQL、微软 MSSQL 等。

数据在关系型数据库中以表单的形式存在。每个数据库都可以有多个表单。每个表单包含的字段名（格式）往往在数据库创建初期就已经确定好了，后期若要对表单格式进行更改，则需要进行一些伤筋动骨的操作，例如锁住数据库等。关系型数据库的表单中，每个表单的每一行代表一条记录，每一列代表一个变量。同一表单中的不同记录的格式基本上是完全相同的。

关系型数据库的不同表单之间可能是有关联的。例如在实时股票数据中，存储实时报价的表单包含了时间戳、股票代码、报价、成交量等信息，存储股票信息的表单中包含了股票代码、公司市盈率、市值等信息。这两个表单可能通过股票代码为关系链接关联起来。

关系型数据库的一个最大特点，大概要算 SQL 的应用了。几乎所有关系型数据库都支持 SQL 语法与之进行交互，这大大方便了程序的标准化，降低了开发成本。

计算机产生的初期，数据库的应用场景主要在金融等领域。这些领域对数据的一致性（consistency）具有非常严格的要求。例如，张三通过银行账户付给了李四 10 块钱，这样的转账操作在数据库里面需要经过如下两项改动。

❑ 从张三的账上减去 10 块。

❑ 在李四的账上增加 10 块。

关系型数据库的设计力求保证数据的真实性，上面两个操作要么全都完成，要么都没有完成。如果执行两项操作的时候，因为数据库出现问题，导致张三被扣钱了，而李四没有收到款项，那么这样的数据库就不是一个好的关系型数据库。

当然，关系型数据库也有一些为人诟病的弱点。例如关系型数据库更改表单字段需要通过大量工作来完成，在数据库和表单设计之初，系统架构人员必须设计好表单的字段及类型。在 2000 年以后，众多初创公司都以"快、糙、猛"（move fast and break things）的风格开发自己的后端，如果采用关系型数据库，则可能会拖慢业务适应变化的速度。与此同时，关系型数据库会在处理大量高并发数据同时读写的时候，仍然力图保证数据的一致性，这可能会产生大量延迟。

8.1.2　非关系型数据库 NoSQL

非关系型数据库的理论早在 1980 年前已经提出，但是非关系型数据库的大量出现和应用是直到 2000 年以后才出现的。大多数非关系型数据库在设计之初摒弃了关系型数据库强一致性的要求，改而追求数据库的高可用性和高速读取。常见的非关系型数据库包括 Cassandra、HBase、Redis、Neo4j 等。

另外，非关系型数据库试图采用更灵活的方式来接纳不同格式的数据，按照数据文件格式分类，非关系型数据库又可以分为下面几个大类。

（1）键值数据库

键值数据库（key-value database）的主要特色是所有数据都以键（key）和值（value）的方式成对存在的，读取的时候通过键（如张三），从数据库中读取值（如当前存款数额 20 块）。Redis 是最常用的键值数据库。

（2）文件数据库

文件数据库（document database）的主要特色是所有记录都以文本的形式存在，文件数据库中的每一条数据都可能是多种 JSON 复杂格式，例如有关张三的微博账号下面，可能有一个字段是以字符串列表的形式存在，里面包含了张三的所有粉丝账户。常用的文件数据库包括 CouchDB、MongoDB 等。

（3）列值数据库

列值数据库（column-based database）的结构和键值数据库类似，每条记录的每个字段均按照列的形式分布式存在，以适应大量数据分布式存储和快速读取的要求。比较常用的列值数据库包括 HBase、Cassandra 等。

（4）图数据库

在实际应用中我们往往会对一些图状的数据进行存储和读取，例如社交网络、公交线路等。为了回答这样的问题我们往往会对多个实体构成的网络进行读取访问。例如，实际应用中我们可能需要查找北京 101 路公交车和 102 路公交车共享的公交站台附近的餐馆。这样的操作在传统数据库中需要多个跨表接合操作才能完成，但是在图数据库（graph database）中，只需要一行命令就可以得到结果。

8.2 数据库的性能

在讲解理论之前，我们先想一想，一个理想的数据库，它应该具有什么样的性能？计算机理论学家总结出了耐分割性（partition tolerance）、一致性（consistency）、可用性（availability）这三个方面。在实际应用中，数据库往往无法同时具有这三个方面的特性，而只能按实际情况进行权衡处理。

8.2.1 耐分割

现代的数据库往往是一个分布式系统，同时运行于多台服务器上。这样分布式系统在运行过程中，往往会遇到随机发生的网络问题，使得其中一台或多台服务器无法访问。耐分割性的意义就在于，当数据被分割到多台服务器上的时候，任意多台服务器因为网络或其他原因不能再读取的时候，整个系统仍然会运行。

网络问题是现代分布式系统中不可避免的课题。因此，大多数分布式数据库在设计的时候都会保证其耐分割性。当数据库具有耐分割性的时候，我们只能在下面介绍的一致性和可用性之间进行取舍。

8.2.2　一致性

一致性是指数据库能够真实还原已经进行的所有操作。例如在 T 时刻我们向数据库中写入当前股票的报价，然后又在 $T + \varepsilon$ 时刻从数据库中读取最新的股票报价，此时，需要总是能读出最新写入的数值，不管 ε 有多小。

传统的关系型数据库的应用场景往往是银行金融等场景，对数据库一致性的要求最为严格。因此传统关系型数据库往往都在一致性上面下了不少功夫，就算遇到服务器突然断电等情况，也仍然要能够保证所有已经发生的交易的一致性。

8.2.3　可用性

可用性是指数据库可以稳定地运行，不管我们什么时候对其进行读写操作，该数据库总是可以及时返回信息。在 2000 年以后的社交、网游等互联网等应用场景中，数据库高可用性是企业生存的重要保证。一般在设计架构的时候都会试图减少因为数据库延迟而出现的卡顿等现象。

8.2.4　CAP 定理

说完了我们感兴趣的三个性能，现在轮到 CAP 定理出场了，CAP 定理定义如下：

任何分布式系统，只能在耐分割性、一致性和可用性中三选二，不可能同时全部满足。

CAP 定理在 1998 年由 Eric Brewer 作为一个推断提出，直到 2002 年才从理论上得到证明。CAP 定理有的时候也叫称为 Brewer 定理。

笔者常常也会惊叹 Eric Brewer 等人能在分布式系统大规模应用之前就想出如此高度抽象的定理。不过，在现今的实际应用中，这样的考虑是非常常见的。

例如在传统关系型数据库中，为了满足高一致性的需求，对于数据库的可用性就做出了牺牲；另外一方面，为了满足高可用性的要求，数据库的一致性往往就舍弃到一边了。又比如，在 Redis 等高可用性数据库中，读取操作返回的不一定是当前数据库最新的数值。

细心的读者一定会问：那么对于春节期间，好友之间大规模发红包这样的对可用性和一致性要求都非常高的应用场景，又是怎么实现的呢？根据笔者多方面阅读资料和实验，揣摩出可能的解决方案如下。

❑ 首先，好友红包系统牺牲了一致性来换取可用性。例如我们可能在大年三十晚上
　　11:28 分抢到了一个红包，但是这个红包的金额要等到 11:31 分才真正显示在零钱里

面，并且可以再次发送出去。

- 虽然牺牲了一致性，但是微信红包系统的一致性牺牲得非常精妙。如果是发红包，其金额在发出的一瞬间就已经从余额中扣除，只是到账时间稍作了等待。这样就保证了每个用户都不可能超发，另外一方面也从长期保证了系统的一致性。
- 我们猜测微信红包系统中运用到了高速前端键值数据库，用它作为当前每人余额的缓冲，发红包都从这里面直接扣钱。同时，可能在客户端上也对红包数额进行了本地调整，以防止超发。对于收到的红包，每条记录都进入分布式队列，通过后端关系型数据库进行整理，最后将可用余额同步给前端高速键值数据库。

当然，说到这里不能不提一下高频交易。对于金融市场等对可用性和一致性要求很高的应用场景，往往会为了这些应用专门设计数据库架构，这些架构会因为前端应用和后端快速模型训练的不同而具有的不同的形态。关于这点已经超出了本书的讨论范围。

幸运的是，对于实时机器学习应用，我们往往假设整个世界的变化是缓慢的，所以我们训练的模型就算没有上一秒的数据作为训练集，也仍然能有效地应用在下一秒中。也因此在实时机器学习应用中，往往会进行下面的设计。

- 对于直接做出机器学习预测的前端模型，牺牲一致性以换取可用性，这样可以保证实时机器学习的高可用性。
- 与此同时，通过分布式队列对数据进行缓冲，在后端数据存储和模型训练的时候保证一致性和可用性，并且通过复盘等操作进行监控排错。

8.3 SQL 和 NoSQL 对比

SQL 数据库和 NoSQL 数据库怎么选择，大概是 IT 界的第二大争议问题（第一大争议问题是 Emacs 和 Vim 孰优孰劣）了。本书综合了多方面的信息，力求从客观的角度来陈述相关信息。为了方便读者选择，下面从以下几个方面进行讲解，以供读者考虑。

8.3.1 数据存储、读取方式

前面已经提到过，关系型数据库需要内含的数据具有清晰定义的架构（schema），同一数据表中的所有字段都必须是相同的类别。非关系型数据库在定义数据库格式的时候就没有这么严格的要求。

对于金融、物流等数据，其中所记录的信息其格式可能都是高度一致的，所以这个时候运用关系型数据库，就已经能够满足需求了。对于网页、社交数据，其中的信息根据各个用户的不同可能都有差别，有的用户可能有多个客户端，每个客户端装载的软件也有可能不一样。这就要求数据库的格式更加灵活多变，非关系型数据库就更适合于这样的应用场景。

另外，如果业务对数据库具有高一致性的要求，那么关系型数据库就是不二选择。

8.3.2　数据库的扩展方式

随着业务的增长，数据量越来越大，关系型数据库和非关系型数据库往往也有不同的增长途径。

关系型数据库的增长途径大多属于纵向增长（scale vertically）。当存储的数据量增大时，关系型数据库往往会通过配置更优秀的芯片、更大的内存和硬盘来解决。

非关系型数据库的增长途径大多属于横向增长（scale horizontally）。当存储的数据量增大时，非关系型数据库常常通过在集群中增加服务器的数量来解决。这使得非关系型数据库可以一直采用廉价的服务器，这也是谷歌等大型互联网公司对非关系型数据库青睐有加的重要原因。

8.3.3　性能比较

肯定很多读者会问：能不能比较一下关系型数据库和非关系型数据库在读写方面的性能？当然，在入门人群中，对数据库进行性能测试、跑分的文章一直是非常受欢迎的。但是数据库的性能其实是高度可变的，跟具体评测环境的配置、硬件、网络结构、操作系统等都有关系。所以跑分得到的结果对其他同业人员往往具有很小的指导意义。同时，不管是关系型数据库还是非关系型数据库，都可以通过调教提高读写性能。例如关系型数据库通过调教索引的方法就可以大大提升数据库的性能，而不需要任何额外投资。

通过阅读大量文献、咨询专家并且亲身实验，对于关系型和非关系型数据库的选择这个问题，我们总结出来的经验就是，对于核心存储，关系型数据库已经可以满足 90% 以上的需求场景，只有少量特殊情况需要非关系型数据库。与此同时，对于队列、缓存、分析建模等问题，可以配置非关系型数据库进行辅助。

8.4　数据库的发展趋势

数据库一直是 IT 界发展的核心课题，我们相信数据库技术还会继续快速发展，并带来更多的变革。在 2016 年本书写作之时，我们发现了下面这些趋势，可能会影响未来数据库和机器学习的发展。

8.4.1　不同数据库之间自动化同步更为方便

一个数据库软件再厉害，也会有自己的缺陷，所以应该让不同的数据库之间协同作业，取长补短，这样的看法几乎已经成为了业界的共识。现今主流数据库都已经具有了与其他数据库自动化同步的能力，只需少许配置，即可互通有无。

例如，我们可能在 MySQL 数据库中存储了数据，现在需要对这些数据进行一些搜索和可视化操作。Elasticsearch 是一款非常优秀的分布式实时搜索系统，很多时候它同时也被用作实时数据可视化工具 Kibana 的后台。Elasticsearch 可以通过 LogStash 这一工具从 MySQL 等关系型数据库中同步信息，这样的操作只需要配置一个小型的配置文件即可完成。与此同时，我们可能经常需要将 MySQL 数据库中的数据转存到 Redis 数据库中，以方便前端快速读取，LogStash 也可以轻而易举地胜任这样的工作。

8.4.2　云数据库的兴起

云计算提供的数据库具有运维投入低、稳定、与其他云服务整合方便等特点。我们认为，以后很有可能会有更多的云计算提供商也在这方面发力，其带来的结果势必会促进机器学习实战的发展，所以这里介绍一下。

亚马逊云计算（AWS）作为云计算的领头羊，具有超凡的开发能力。亚马逊云计算的开发人员通过多年服务于亚马逊零售业务的经验，意识到了数据库应用中的几个痛点，开发出了 DynamoDB 和 Aurora 两款只在 AWS 上才有的数据库软件，以巩固其云计算生态的紧密程度。

AWS Aurora 是一个关系型数据库，它和 MySQL 的所有协议完全兼容。其开发过程中吸取了一般数据库应用的经验教训，具备了自动备份、异地容灾、一键扩容、高读写通量、高安全级别等功能，用户只需要轻点几下鼠标，就可以配置好一个非常优秀的数据库集群，升级、备份等管理工作都可自动化完成，可以大大降低数据库的运维成本。

AWS DynamoDB 是一个非关系型数据库，DynamoDB 兼容键值数据库和文本数据库两种模式，不仅可以通过图形界面方便地完成创建、配置、扩容等工作，而且可以大大降低非关系型数据库的运维成本。DynamoDB 的创立是基于 Giuseppe DeCandia 等人的一篇文献[一]，后来硅谷领先的视频点播公司 Netflix 按照该文献的内容开发了开源版本的 Dynamite[二]。

与此同时，其他云计算提供商也有类似的产品面世。例如微软的 Azure 云提供了 DocumentDB，作为文本数据库，其在某些方面成为 DynamoDB 的竞争对手；谷歌云服务也提供了类似的关系型和非关系型数据库服务。

8.4.3　底层和应用层多层化

在数据库出现之初，数据库的底层和数据库前端是紧密结合的，但是到了最近数十年，开发人员已经意识到了这样的特点：数据库底层的开发已经可以满足现在的大多数模式，可以根据不同的分布式等要求，在上层进行再度开发。

例如，Elasticsearch 的存储底层是 Apache Lucene（当然，可能有读者会说 Elasticsearch 不算数据库），Dynamite 的底层是 Memcached 和 Redis，DynamoDB 的底层据报道运用了 BerkeleyDB。它们都运用了已有的经典数据库作为底层存储平台，在分布式、备份、低延

⊖　详见 http://www.allthingsdistributed.com/files/amazon-dynamo-sosp2007.pdf。

⊖　详见 https://github.com/Netflix/dynomite。

迟方面发力，进行了二次开发。

我们认为在未来的数据库演进中，可能会有越来越多的应用采取这样的发展模式，站在巨人的肩膀上，取长补短向前行。

8.5　MySQL 简介

MySQL 是著名的开源关系型数据库管理系统（RDBMS）。MySQL 的高性能、高可靠性和易用性已使其成为使用最广泛的 RDBMS 之一，被广泛应用于各主要网站，例如Facebook、Twitter、Youtube 等。该数据库管理系统是使用 C/C++ 编写的，可在各主要操作系统上运行。同时它也为多种主要编程语言提供了 API，极大地方便了使用。MySQL 是全球使用第二广泛的 RDBMS，位列 SQLLite 之后。SQLLite 是以嵌入式为目标的管理系统，相对 MySQL 而言，功能较弱，因此不在本书的讨论范围之内。

利用 Docker 安装 MySQL

类似 RabbitMQ 的安装方法，使用以下命令即可开启 MySQL 的容器虚拟机：

```
docker run -p 3306:3306 -e MYSQL_ROOT_PASSWORD=test -d mysql:8
```

相关的参数说明如下。

❏ -p 3306:3306：将主机 3306（前者）号端口的所有流量都转发到虚拟机的 3306（后者）号端口。格式为 -p < 主机端口 >:< 虚拟机端口 >。

❏ -e MYSQL_ROOT_PASSWORD=test：设置虚拟机的环境变量，这里设定了 MySQL的密码。

❏ -d: 在背景进程中运行 mysql:8：官方发布的 MySQL 8.0 容器。

8.6　Cassandra 简介

Cassandra 是著名的开源分布式数据库管理系统，不同于 MySQL，Cassandra 是典型的非关系型数据库，即 NoSQL 数据库。Cassandra 起初由 Facebook 开发且开源，之后被 eBay、Apple、Instagram、Spotify 等公司广泛使用。相比 HBase，Cassandra 集成性高且更易安装部署；相比 MangoDB，Cassandra 的性能与易用性更佳。因此本书选择使用Cassandra 作为 NoSQL 的代表性数据库。

8.6.1　Cassandra 交互方式简介

Cassandra 的优点之一是使用 Cassandra Query Language（CQL）与数据库进行交互。CQL 语法极其类似于 SQL（不严格地说，CQL 基本上算是 SQL 的一个子集），因此上手也很容易，并且如果有从关系型数据库到 Cassandra 的移植工作，CQL 也会大大减少你的工作量。但是 CQL 也有其局限性，一个很遗憾的缺失就是对数据表的连接功能（JOIN），因此当你在项目中做选择的时候，必须要考虑全面。

不过其实还有更好的交互方式。Cassandra 的优势在于良好的分布式存储机制和高性能与高并发性，其实它作为数据存储引擎是完美的。另外一方面，Hadoop 生态圈可以完美地解决交互与数据计算的问题，所以如果结合两者的长处可以解决大部分问题。基于 Hadoop 之上，我们可以选择 HiveQL 或 SparkSQL，两者都是极类似于 SQL 的数据库语言。它们可以利用 Cassandra 作为存储引擎，利用 Hadoop 作为计算引擎，完美结合两者的优势。特别是新兴的 SparkSQL，其已经成为未来的趋势。

虽然 SparkSQL 也许是未来最佳的选择，但是 CQL 对于本书要解决的问题已经足够了，因此我们不想为了无关的功能增加我们架构的复杂度。

8.6.2　利用 Docker 安装 Cassandra

使用以下命令安装并启动 Cassandra：

```
docker run -d cassandra:latest
```

安装之后，使用以下命令找到该运行容器的 ID：

```
docker ps -l -f ancestor=cassandra:latest
```

找到 Container ID 并使用以下命令进入 Cassandra 的命令行模式 cqlsh：

```
docker exec -it d7468c9c07cb cqlsh
```

至此，我们已经身在一个和 MySQL 命令模式极为相似的环境之中了。

8.6.3　使用 Cassandra 存储数据

使用 Cassandra 存储数据主要有以下优势。

❑ 伸缩自如：无论你有 100MB 还是 100TB 的数据，无论你是需要一台机器还是一百台机器存储你的数据，Cassandra 都可以应对自如，这得益于分布式设计。

❑ 结构自由：Cassandra 不需要像关系型数据库那样严格定义数据表的结构，因此增加或改变数据列变得更加简单。用更为自由的 JSON 取代大量数据列也是可行的。

❑ 更高的并发性：仍然得益于分布式设计，Cassandra 对于并发大规模写操作做了深入的优化，而这往往是关系型数据库特别是 MySQL 的瓶颈。Cassandra 号称读写性能与节点数量可以达到线性关系，这也是 MySQL 做不到的。

❑ 数据安全性更佳：Cassandra 可以设定数据备份。

显然 Canssandra 对于我们的股票数据也是一个比较理想的存储方案。

实时数据监控 ELK 集群

9.1 Elasticsearch、LogStash 和 Kibana 的前世今生

没有实时监控功能的机器学习系统就像是在雨天没有雷达飞行的飞机，用户将会无法得知具体模型的效果，因此也难以让实时机器学习系统完全发挥作用。事实上，实时监控往往也是众多公司的薄弱环节，但关于这点，众多专业图书中鲜有提及。学习应用最前沿的机器学习方法固然重要，但是如果脱离了对实际情况和数据的了解，那么任何机器学习模型都将是空谈。

如果大家有条件在硅谷的"大数据"公司进行一个星期的系统性游览，可以发现谷歌、LinkedIn、Facebook 等公司都将数据进行了实时可视化，且通过大屏幕放在了公司进门最显眼的地方，这样一来，员工时时刻刻都能关注到用户的最新动向。两位笔者供职过的部门都会周期性地召开部门会议，专门对可视化的总结数据进行解读分析，通过对数据的发掘来决定后续工作的重点。

实时数据分析是如此的重要，可是在若干年前，如果要获得这样的功能，代价往往非常高昂。原因和开发人员的专攻方向有关：后端机器学习和大数据开发人员往往不熟悉和理解前端网页的呈现工作，而前端人员也不清楚后端产生的流程。这就导致早期涉足大数据和机器学习的公司，在人员配置上需要进行大量投入，才能取得效果。如果要上马实时监控和机器学习，投入成本基本上就和寻找独角兽差不多了。幸运的是，这个问题到 2015年得到了廉价、彻底的解决。解决这个问题的主人公就是 ELK，ELK 其实是三个紧密相关的服务之总和：Elasticsearch、LogStash、Kibana。在创始之初，这三个软件各自并没有惊起太大的波澜，可是随着时间的推移，用户发现将这三个软件一起使用的时候，可以获得非常惊人的效果。下面先分别介绍一下它们的来历。

9.1.1 Elasticsearch 的平凡起家

Elasticsearch 是基于 Apache Lucene 的一款实时搜索引擎。2004 年，笔者才刚刚上本科，Elasticsearch 的作者 Shay Banon 在编撰 Elasticsearch 前身的时候还是一个待业在家的宅男，他的太太正在努力成为一名厨师，因此需要一款软件可以对菜谱进行搜索。Shay 自告奋勇担起了制作这个搜索引擎的重任，并开发了 Elasticsearch，没想到 Elasticsearch 竟然在开源社区大获成功。2012 年 Elastic 公司成立，专注于 Elasticsearch 周边业务的开发和企业级服务，Shay 也荣升 CTO。但是据说 Shay 自从开发 Elasticsearch 之后一直忙于工作，而他的太太仍然在等他做好菜单搜索引擎。

早在 2004 年，市面上已经有了另外一款基于 Lucene 的搜索引擎 Solr，并且获得了 Apache 基金会的官方支持。为什么 Elasticsearch 能够反客为主，一举成为开源搜索界的主力呢？笔者认为有以下这么几个因素。

❑ 易于配置：Elasticsearch 的配置安装异常简单，就算是要进行集群配置，也只需要更改若干非常直观的参数即可。

❑ 易于上手：Elasticsearch 支持 RESTful API，可以在不安装任何客户端，也不需要任何编程的情况下导入、导出数据，并且进行搜索。

❑ 高可扩展性：Elasticsearch 提供了功能非常强大的开发工具和客户端，让用户可以按照需要编写非常复杂的搜索命令，在不需要对 Elasticsearch 进行二次开发的情况下，就已经可以满足实际应用中的大量需求。

❑ 实时：Elasticsearch 是一款实时搜索引擎。当文档还在导入的时候，就已经可以对其内容进行搜索了。它也支持后期实时的修改、增删等操作。

可见，Elasticsearch 是一款非常强大的软件，它可以很容易地和 RabbitMQ、MySQL 等工具进行整合，进而产生更为强大的功能。

在实时机器学习这样的应用场景中，Elasticsearch 起到了实时数据整合仓库和实时可视化后端的作用，若要系统性地介绍 Elasticsearch 的搜索功能则又需要一整本书的篇幅，本书不是专门讲解 Elasticsearch 的，因此将会着重介绍它进行实时数据整合处理的功能。

9.1.2 LogStash 卑微的起源

在系统设计中，往往需要将一个服务产生的数据稍做转换，再导入到另外一个数据中。例如在数据中心里面，服务器可能产生了大量文本格式的日志文件，此时需要通过一定处理，将文本文件的每一条记录转换为具有多个字段的数据，存储到 MySQL 数据库和 Elasticsearch 中。为了完成这样的工作，LogStash 应运而生了。

当然，与 Elasticsearch 一样，LogStash 出现的时候市面上已经存在不少竞争对手，例如 Apache Flume。LogStash 具有非常优秀的接口，可以与 MySQL、RabbitMQ、

Elasticsearch、Storm 等数十款软件进行紧密衔接，并且只需要进行非常少量的脚本配置即可实现。凭借这样的优势，LogStash 脱颖而出，成为了 ELK 集群中的中坚力量。

　　在实时机器学习的应用场景中，LogStash 连接了 Elasticsearch 和前端数据服务，起到了中间件的作用；与此同时，LogStash 也可以对数据进行简单的加工和标准化，起到了加工工厂的作用。

9.1.3　Kibana 惊艳登场

　　Kibana 是一款 Elasticsearch 的可视化插件。Kibana 的开发始于 2013 年，这个时候 Elastic 公司已经成立，他们已经意识到了数据可视化的重大商业前景。由于 Kibana 具有强大的功能，因此它现在已经成为了数据可视化后端不可或缺的成分。只需要少量配置，Kibana 就可以制作相应的图示，通过趋势图、饼图、直方图等方式直观、实时地呈现相关数据。

　　在实时机器学习的场景中，Kibana 将会作为可视化后端，与用户直接进行交互，以及进行数据监控、异常监督等工作。

9.1.4　ELK 协同作战

　　将 Elasticsearch、LogStash、Kibana 整合起来，就会得到如图 9-1 所示的架构：前端服务将需要整理呈现的数据传到 LogStash 中，LogStash 对其进行简单处理之后再传输到 Elasticsearch，Elasticsearch 对数据进行处理和存储，最后通过 Kibana 实时地呈现给用户。Elasticsearch 负责数据的存储和整合计算；Kibana 负责前端可视化工作。

图 9-1　数据在 ELK 集群中的流向

9.2　Elasticsearch 基本架构

　　下面就来介绍一下 Elasticsearch 的基本概念和构成成员。在生产环境中运行的 Elasticsearch 往往是以高可用性集群的形式存在的。与其说 Elasticsearch 是一个独立存在的系统，不如说它是一个有机结合起来的生态。在数据存储的底层，Elasticsearch 使用已有的 Apache Lucene 作为数据存储和搜索引擎；通过多 Lucene 索引数据在网络集群上的备份冗余，Elasticsearch 实现了高可用性；最后，通过方便的插件接口，Elasticsearch 实现了方便的服务器管理等功能。

　　将这么多内容有机地整合起来，其设计方式也是分布式系统领域非常优秀的教材。本节将会按照构成部件对其进行介绍，9.3 节将会按照功能进行讲解。

9.2.1　文档

1. 文档构成

文档（Document）是 Elasticsearch 数据存储的基本单位。每个文档都是一条独立存在的数据个体，遵从 JSON 格式。每个文档都可能由多个字段构成，字段格式包括字符、数字、时间戳、列表，甚至是更复杂的树状数据结构。例如，在一个微信联系人索引中，两个文档的形式可能是：

```
{
    "id":1,
    "name":" 张三 ",
    "friends":[
        " 李四 ",
        " 老王 "
    ],
    "member_since":"2016-12-21T11:12:21",
    "quote":" 友谊的小船说翻就翻 "
},
{
    "id":2,
    "name":" 李四 ",
    "friends":[
        " 张三 ",
        " 韭菜公公 ",
        " 广场舞大侠 "
    ],
    "member_since":"2016-12-21T11:12:21",
    "quote":" 友谊地久天长 "
}
```

可以看到，这里的 friends 字段是以列表形式出现的，member_since 字段是以时间戳的形式出现的。另外，这里的 id 是每个文档具有的独立标记。

2. 倒排索引

传统关系型数据库会在数据库中加入一列索引列，索引列往往是以二叉树等形式存储起来的。通过索引列，可以很快地找到对应的行，完成读取工作。Elasticsearch 中也采用了类似的原理，称之为倒排索引（inverted index）。在一个索引中，我们可将文档的代号映射到文档的内容中去；与此相对的，在一个倒排索引中，则会将文档的内容映射到文档代号上去。

例如，对于前面张三和李四的自我介绍一栏，与他们对应的倒排索引可能如表 9-1 所示（为节约篇幅，里面只包含了两个字的词）。而当我们搜索"友谊小船"时，这一搜索字段首先被拆分为"友谊"和"小船"两个字符，从倒排索引中分别找出张三两次、李四一次。最后通过排序，我们认为张三的个人标签更切近于搜索的字段，如表 9-2 所示。

注意在默认情况下，Elasticsearch 会对字符字段全部进行倒排索引操作。这样的操作在数据录入的时候完成，所以在后期使用中，Elasticsearch 可以达到非常快的访问速度。

9.2.2　索引和文档类型

Elasticsearch 中每个文档都存储在索引（Index）中，一个特定的索引中，所有相同格式的文档称为文档类型。索引和文档类型都是用户定义的对象：一个索引中可能包含多个文档类型，每个文档类型中可能包含多个文档。这里的索引和 9.2.1 节中提到的"倒排索引"不同，只是翻译了之后看起来好像是一个东西了，倒排索引（inverted index）是单个文档层面的概念，本节的索引（index）是指 Elasticsearch 集群中所有文档和文档类型的总和。

表 9-1　张三、李四的示例中自我介绍的倒排索引

字符	张三	李四
友谊	X	X
小船	X	X
说翻	X	
就翻	X	
地久		X
天长		X

表 9-2　当搜索"友谊小船"的时候，倒排索引计算的过程

字符	张三	李四
友谊	X	X
小船	X	
总和	2	1

关系型数据库中，数据结构可以从上到下分为数据库、表单和记录。Elasticsearch 在设计之初也受到了这样的影响，索引、文档类型和文档的关系可以与关系型数据库完全对应。

另外，索引是一个物理概念，后面可以看到，不同索引的冗余、分片方式也不同，这也导致不同索引中文档的存储位置会有所不同；而文档类型则是逻辑概念，对于同一个索引中的不同文档类型，其存储方式是一样的。

从逻辑上来说，索引、文档类型、文档的关系可以用图 9-2 来形容，它们完全对应于关系型数据库中数据库、表单和记录之间的关系。值得注意的是，这样的类比只是为了方便读者理解，虽然逻辑上 Elasticsearch 的多个数据结构与关系型数据库完全对应，但是具体的数据存储方式等却完全不一样。

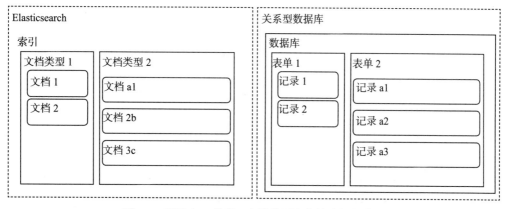

图 9-2　逻辑上，索引、文档类型和文档之间的关系

9.2.3 分片和冗余

在分布式系统中存储并处理大量数据的时候，往往会遇到如下三项挑战。

❑ **数据体量大**：在实际应用中，往往会遇到数据量过大的情况。有的时候一个索引里面包含的数据量可能会超过一台服务器所能承载的数据量。

❑ **并行计算要求**：在具有大量数据的时候，往往还需要搜索引擎仍能快速地返回寻找到的答案。这就要求我们对数据进行并行化，用多台服务器对数据进行检索和加工。

❑ **服务器随机丢失**：在一个网络集群中，往往需要考虑服务器和网络故障的问题。即使一个 Elasticsearch 集群中若干台服务器都出现了无法访问的情况，也应该力求整个搜索服务仍然能够顺利运行，并且数据也能以大概率继续被访问到。

意识到了这样的挑战之后，Elasticsearch 的设计者们提出了数据分片（Sharding）的概念。数据分片即将每个索引物理地分割为多个小片区，每个片区独立地存储于不同的服务器上。这就解决了前面提到的数据体量大的挑战。与此同时，由于各个片区分布在了不同的服务器上，因此运算的负担同时也能分散开来，这样也就满足了前面提到的并行计算的要求。在默认情况下，Elasticsearch 会将一个索引分为五个片区，而用户可以按照自己的需求增加或减少片区的个数。

为了解决服务器因为网络等原因随机丢失信息的问题，Elasticsearch 的设计者提出了索引冗余的概念。索引冗余是指每个数据分片都在 Elasticsearch 集群中复制了多份，其中一份称为主分片（primary shard），其他的备份称为附属分片（secondary shard）。在正常情况下，所有的访问和搜索都由主分片完成，但是当主分片所在的服务器无法访问的时候，集群就会选取附属分片作为主分片，以替代之前无法访问的分片，这样就保证了数据访问的连续性。默认情况下，Elasticsearch 为每个分片都进行了一个备份，备份个数可以按照实际需求进行改变。

总结起来，物理上，一个 Elasticsearch 的索引是分布式且有备份的。以图 9-3 为例，在一个假想的三节点服务器集群上面部署了 Elasticsearch，其具有两个索引，其中索引 1 配置为 3 个分片，每个分片有一个备份；索引 2 配置为 2 个分片，每个分片有一个备份。当其中一个服务器丢失的时候，其他两个服务器可以利用上面的数据继续运行而不会产生服务中断的问题。

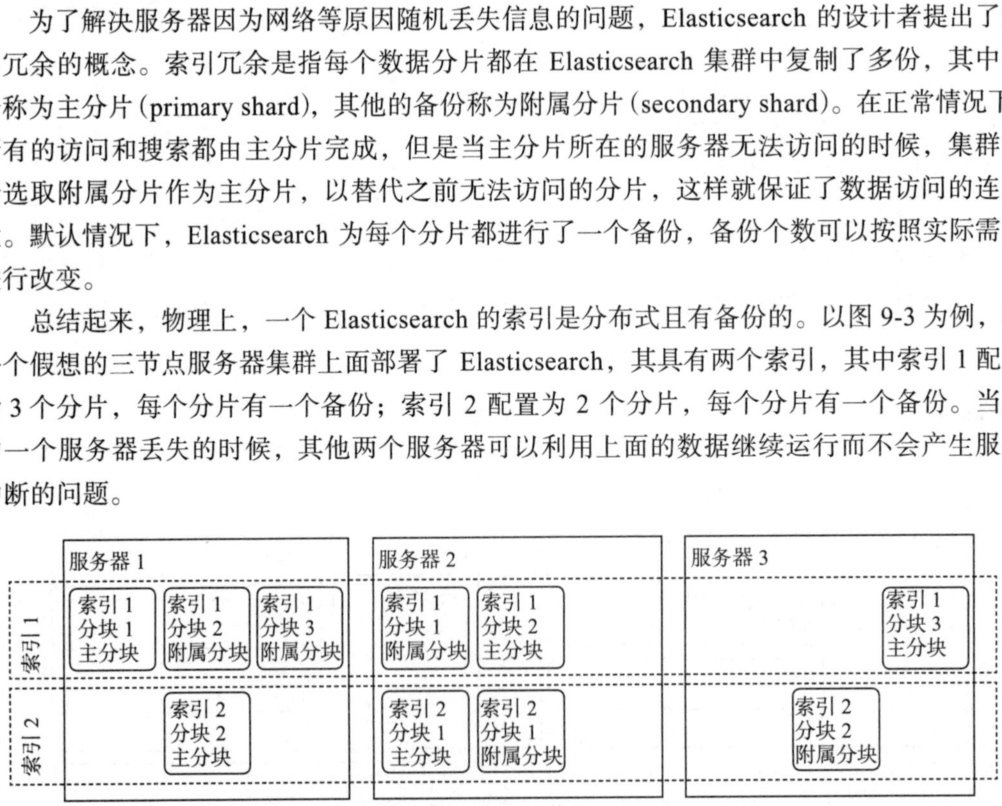

图 9-3　三个节点的 Elasticsearch 集群中两个索引可能的分片和备份分布情况

9.2.4 Elasticsearch 和数据库进行比较

看到这里，好奇的读者肯定要问，Elasticsearch 如此强大，已经可以像数据库一样完成数据的存储、查询等工作，为什么不直接用 Elasticsearch 取代数据库呢？为了找到这个问题的答案，笔者在学习 Elasticsearch 之初进行了大量的文献阅读和实验，总结出来一些原因，这里就详细列出与大家分享。

1. 列索引数据的效率优势

Elasticsearch 号称是一个分布式实时搜索引擎，这里实时的优势很大一部分来自于其对每条数据的相关字段都建立了索引。

在数据库的大量数据中进行查询，效率往往需要取决于查询字段的存储方式。如果查询字段经过了预先索引，那么查询的时间复杂度就近似于 $O(\log(n))$（这里的 n 是文档的数量），也就是说可以非常迅速地返回结果。但是若查询字段没有经过索引，那么查询复杂度与数据量往往是线性相关的，随着数据量增加，查询的速度也会越来越慢。

Elasticsearch 对文档字段的索引正好歪打正着地满足了这样的需求，这使得 Elasticsearch 的查询速度可以非常高。笔者经过文献查阅得知，不少对模型延迟有严格要求的数量化交易基金公司都采用了 Elasticsearch 作为数据存储后台，以满足模型训练和实际应用的需求。

可以认为，在数据存储方式这个问题上，Elasticsearch 已经接近于 NoSQL 数据库中的列数据库，按照列字段进行快速查询的要求很容易就可以得到满足。

2. 数据一致性的挑战

尽管如此，Elasticsearch 是否能担当作为数据库的大任，还需要斟酌其在数据写入一致性方面的需求。默认情况下，Elasticsearch 所有的数据写入都是在每秒结束的时候才会执行。这就导致 Elasticsearch 中数据的一致性会大打折扣。如果数据的写入和读取时间间隔较短，那么 Elasticsearch 将会无法保证数据的一致性。因此，在数据一致性有强烈要求的应用场景中，我们尚且无法使用 Elasticsearch 替代数据库。

9.3 Elasticsearch 快速入门

Elasticsearch 发展至今已经具备了非常强大的多语言客户端支持，比如 Java、Python 等。本节将会介绍 Elasticsearch 中 RESTful API 的常用基本功能，有需要的读者可以在此基础上轻松地将操作迁移到 Python 等平台上。

9.3.1 用 Docker 运行 Elasticsearch 容器虚拟机

Elasticsearch 的开发和成长过程对 Docker 技术进行了非常完备的支持。本书写作之时，

Elasticsearch 刚刚发布 5.0 版本。运行一个 Elasticsearch 5.0 的容器虚拟机实例只需要使用下面的命令即可：

```
docker run -p 9200:9200 elasticsearch:5.0
```

上面这个命令将下载并运行 Docker Hub 中的 Elasticsearch 5.0 官方容器虚拟机，并且将容器虚拟机上的 9200 端口映射到宿主机的 9200 端口上。

有一些比较老旧的系统（如笔者的）可能需要对环境变量进行调整。如果在启动过程中遇到报错，可以执行下面的命令，大多数情况下执行该命令即可消除错误：

```
sudo sysctl -w vm.max_map_count=262144
```

待 Elasticsearch 容器虚拟机启动成功之后，可以通过浏览器访问 http://localhost:9200 地址，如果一切顺利，可以看到类似下面的欢迎语句：

```
{
    "name":"LnGoCqA",
    "cluster_name":"elasticsearch",
    "cluster_uuid":"uOMCCcV1Toy68HmYwE07SQ",
    "version":{
        "number":"5.0.0",
        "build_hash":"253032b",
        "build_date":"2016-10-26T05:11:34.737Z",
        "build_snapshot":false,
        "lucene_version":"6.2.0"
    },
    "tagline":"You Know, for Search"
}
```

Elasticsearch 的 RESTful API 操作往往需要通过 RESTful 客户端来完成，读者可以按照自己的喜好进行使用，在 Linux 下面可以使用 Curl 命令行进行操作。如果读者尚未接触过 RESTful 客户端，那么推荐使用 Chrome 插件 DHC，对于它的安装，只需要在 Chrome Store 中搜索 DHC 即可实现。安装完成的 DHC 客户端如图 9-4 所示。

下面就以新闻信息搜索为例，介绍 Elasticsearch 在搜索和对偶搜索方面的基本操作。Elasticsearch 的功能非常强大，这里只能涉及皮毛，建议有兴趣的读者阅读官方文档[⊖]。

9.3.2 创建存储文档、文档类型和索引

在很多应用研究中，都需要对新闻舆情进行分析。例如在金融市场应用中，需要对市场的情绪进行掌握；在公共卫生研究中，新闻舆情监控可以跟踪病情走向和群众的知情情况。这些文字研究的核心通常都离不开搜索。通过对历史新闻的搜索、整理和归纳，我们往往可以从时间序列角度分析出话题的产生、扩散和遗忘过程。

⊖ 详见 https://www.elastic.co/guide/en/elasticsearch/reference/current/index.html。

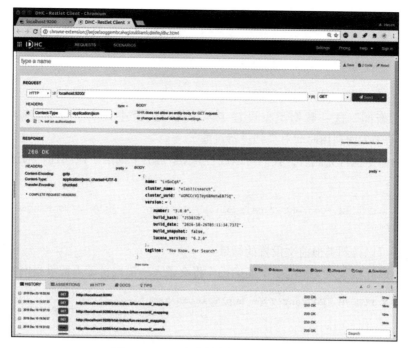

图 9-4 DHC 客户端安装完成的效果

　　本节将利用 Elasticsearch 制作一个非常简易的新闻搜索引擎。该搜索引擎存储于 Elasticsearch 的 news 索引中，文档格式为新闻。没错，你没有看错，Elasticsearch 在没有任何配置的情况下对中文都有尚佳的支持，文档类型、字段名等可以直接是中文。新闻文档格式中包含四个字段，分别为发布日期、标题、内容和来源。

　　在 Elasticsearch 中存储文档的准备工作往往包含定义字段属性等工作。这些工作可以用下面的命令来完成：

```
curl -i -X PUT -H "Content-Type:application/json" -d \
'{
    "mappings":{
        "新闻":{
            "properties":{
                "日期":{
                    "type":"date"
                },
                "标题":{
                    "type":"text"
                },
                "内容":{
                    "type":"text"
                },
                "来源":{
                    "type":"text"
```

```
                }
              }
            }
          }
        }
      }
' \ 'http://localhost:9200/news/'
```

这里为"新闻"这一数据类型设置了四个字段，其中日期字段为特殊的日期类型（date），这有助于后面利用时间对文档进行过滤。

在上面的命令执行完成后，我们可以查看 news 索引下面的字段属性，通过下面的命令进行操作即可：

```
curl -i -X GET -H "Content-Type:application/json" \ 'http://localhost:9200/news/
新闻/_mapping'
```

这个时候可以得到类似前文设置的结果。

现在就可以开始录入文档啦。下面的操作将会录入一篇取自于人民日报网站上的文章：

```
curl -i -X PUT -H "Content-Type:application/json" -d \
'{
    "日期":"2016-12-23T07:23:00",
    "标题":"人民币汇率破 7 近在咫尺专家：加大正面引导预期",
    "内容":"近期，人民币对美元汇率 "紧贴 "7 关口、外汇储备 "直逼 "3 万亿美元……",
    "来源":"新华网"
}' 'http://localhost:9200/news/ 新闻 /1'
```

注意，在上面的操作中，用了 PUT 作为数据输入的命令，设置字段属性的时候也用了 PUT 作为命令类型，而读取的时候则用了 GET 作为命令类型。

上面的命令执行完成之后，返回的数据往往会是如下形式：

```
{
    "_index":"news",
    "_type":"新闻 ",
    "_id":"1",
    "_version":1,
    "result":"created",
    "_shards":{
      "total":2,
      "successful":1,
      "failed":0
    },
    "created":true
}
```

返回信息表示：在名为 news 的索引下，新闻这一文件类型中创建了一个文件，文件 ID 是 1。这里请读者按照自己的喜好，改变上面输入文件的内容，创建新的文档。将上面的操作重复多次之后，可以用 _count 函数来读取当前文档类型下已经录入的文档个数，只需要执行下面的命令即可：

```
curl -i -X GET -H "Content-Type:application/json" \ 'http://localhost:9200/news/
新闻/_count'
```

若看到类似于下面的返回数据，就表示当前 news 索引新闻文档类型下，一共有 3 个文档，该索引有 5 个分片，都是成功访问的分片：

```
{
    "count":3,
    "_shards":{
        "total":5,
        "successful":5,
        "failed":0
    }
}
```

9.3.3 搜索文档

下面到了激动人心的搜索步骤了，例如要搜索与"汇率"有关的新闻，可执行下面的命令：

```
curl -i -X POST -H "Content-Type:application/json" -d \
'{
    "query":{
        "match":{
            "内容":"汇率"
        }
    }
}
' 'http://localhost:9200/news/新闻/_search'
```

返回的内容部分如下：

```
{
    "took":64,
    "timed_out":false,
    "_shards":{
        "total":5,
        "successful":5,
        "failed":0
    },
    "hits":{
        "total":2,
        "max_score":0.86819494,
        "hits":[
            {
                "_index":"news",
                "_type":"新闻",
```

```
            "_id":"1",
            "_score":0.86819494,
            "_source":{
                "日期":"2016-12-23T07:23:00",
                "标题":"人民币汇率破7近在咫尺专家：加大正面引导预期",
                "内容":"近期，人民币对美元汇率"紧贴"7关口、外汇储备"直逼"3万亿美元……",
                "来源":"新华网"
            }
        },
        {
            "_index":"news",
            "_type":"新闻",
            "_id":"2",
            "_score":0.376633,
            "_source":{
                "日期":"2016-12-23T08:17:00",
                "标题":"个税改革将成税改看点月入万元以下或降税",
                "内容":"《经济参考报》记者日前从业内获悉，个人所得税的推进或将成为明年我国税
收制度改革的最大看点，修法先行、分步实施将成为个税改革的现实选择。 在"增低、扩中、调高"的总原则下，
扩中也就是减轻中等收入群体税收负担将先行推进。业内专家认为，月收入万元以下的个税税率有望调低……",
                "来源":"经济参考报"
            }
        }
    ]
    }
}
```

上面的返回数据可以这么解读，首先，整个搜索耗时64微秒（took字段），没有超时（timed_out字段）。总共有2个文档被选中（hits字段），最大相似度为0.86819494（max_score字段）。

细心的读者可能还会发现，上面第二篇文章说的是降税问题，并没有提到"汇率"这个关键词，为什么仍然以0.376633的相似度名列第二呢？这里需要提一下Elasticsearch相似度的计算方法。

总的来说，Elasticsearch搜索一个文档需要经过如下几个步骤。

1）分析搜索条目：Elasticsearch首先会对搜索条目进行分析。分析内容包括，对文字进行预处理并分块，对数字进行转化，对地理坐标进行转化等。

2）搜索：利用上面分析出的结果，Elasticsearch会在Lucene索引中寻找出对应的文档，计算相似度。

3）生成结果：利用相似度的计算结果，Elasticsearch会对结果进行整合，最后生成所需的数据并返回。

当我们搜索"汇率"的时候，默认情况下，Elasticsearch会将这一关键词分块成"汇"和"率"两个单字，并利用这两个单字进行搜索。由于第二篇文章中含有"税率"一词，因此导致第二篇文章被选取出来，虽然相似度较低。

　　那么有没有方法实现更理性的分词呢？当然有，我国自然语言处理研究水平一直处于世界领先地位，现成的文本分析包很多，信手拈来即可使用。这里推荐采用 Smart Chinese Analysis Plugin，其可以通过 Elasticsearch 自带的插件功能进行安装配置⊖。

　　有的时候，我们可能仅仅对搜索结果的一部分感兴趣；有的时候，每个文档都特别大，只需要返回结果的一部分字段即可，以减少延迟，降低对网络带宽的压力。这时可以使用 _source 字段选取所需的字段。

　　例如对于前面新闻搜索的问题，可能大家只对新闻来源感兴趣，那么可以用下面的操作简化结果：

```
curl -i -X POST -H "Content-Type:application/json" -d \
'{
    "query":{
        "match":{
            "内容":"汇率"
        }
    },
    "_source":[
        "来源"
    ]
}' 'http://localhost:9200/news/新闻/_search'
```

　　返回的数据如下：

```
{
    "took":5,
    "timed_out":false,
    "_shards":{
        "total":5,
        "successful":5,
        "failed":0
    },
    "hits":{
        "total":2,
        "max_score":0.86819494,
        "hits":[
            {
                "_index":"news",
                "_type":"新闻",
                "_id":"1",
                "_score":0.86819494,
                "_source":{
                    "来源":"新华网"
                }
            },
            {
```

⊖　https://www.elastic.co/guide/en/elasticsearch/plugins/current/analysis-smartcn. html 是相关的介绍和下载地址。

```
        "_index":"news",
        "_type":" 新闻 ",
        "_id":"2",
        "_score":0.376633,
        "_source":{
            " 来源 ":" 经济参考报 "
        }
    }
  ]
 }
}
```

可以注意到，由于只读取了一个字段，因此进行此搜索仅仅耗费了 5 微秒，与前面相比，有了大幅度的提升。

9.3.4　对偶搜索

对偶搜索（percolate）是 Elasticsearch 中一个非常强大的功能，据笔者所知其也是最容易被忽略的功能。按照最初的设计，对偶搜索是搜索的对偶问题（dual problem）：在传统的搜索方式中，文档已经被存储在了搜索引擎中，需要通过查询（query）来读取文档；在对偶搜索中，则是查询被存储在了搜索引擎中，可用文档来调取查询。这样的对比可以用图 9-5 来表示。

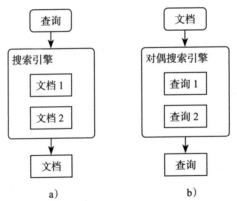

图 9-5　Elasticsearch 搜索和对偶搜索 a) 的对比 b)

对偶搜索的定义看起来非常平常，其实其可以用来解决机器学习应用中非常多的一类问题。例如，在移动应用的服务器端，往往需要对用户所在的地理位置、设备种类和用户画像进行分块，以针对不同类型的用户投放不同的内容。

当投放的逻辑非常清晰的时候，可以通过对偶搜索的办法来完成这一工作。只需要将每一投放所对应的用户信息写成 Elasticsearch 查询的性质，并作为对偶搜索条目存储在 Elasticsearch 中即可。当新用户到达时，将用户的地理位置、用户画像等信息转换为一个文档，然后进行对偶搜索，返回的对偶搜索条目即为所需投放的信息。

另外，还可能需要为实时服务器运行数据设立一个警报系统。当包含重要字段的服务器日志出现的时候，发出邮件通知用户。事实上，这样的功能也可以通过对偶搜索来实现：只需要将重要字段写入对偶查询中，在对日志文档进行对偶搜索查询时，若对偶搜索结果返回不为空，则发出相应的警报。

从这里可以看到，对偶搜索是一个更适合于实时机器学习场景的执行模式：在实时场景中，我们已经知道了搜索条目，文档是实时到来的，这个时候更适合使用对偶搜索来对文档进行检索；而在线下场景中，我们已经知道了所有的文档，搜索条目可以随时改动，这个时候更适合使用传统搜索对文档进行检索。

沿用上面对新闻进行搜索的示例，下面用对偶搜索建立一个简单的金融风险预警系统。该系统将对新闻中的"破产""跑路"等关键词进行搜索，当含有该关键词的新闻出现的时候，对用户进行提醒。

首先，需要向索引中注入对偶搜索条目和格式。类似于 9.3.2 节对于文档数据格式的定义，定义对偶搜索的文档类型如下：

```
curl -i -X PUT -H "Content-Type:application/json" -d \
'{
    "mappings":{
        "新闻":{
            "properties":{
                "日期":{
                    "type":"date"
                },
                "标题":{
                    "type":"text"
                },
                "内容":{
                    "type":"text"
                },
                "来源":{
                    "type":"text"
                }
            }
        },
        "关键词警报":{
            "properties":{
                "query":{
                    "type":"percolator"
                }
            }
        }
    }
}
' 'http://localhost:9200/news-2'
```

这里创建了一个新的索引，名为 news-2，其中含有一个名为关键词警报的文档类型，它仅仅包含一个名为 query 的字段，类型为 percolator（对偶搜索）。其实这里对偶搜索的条目在 Elasticsearch 中也是以文档的形式存在的，只是字段类型是对偶搜索。

通过下面的命令，我们向 news-2 索引下的关键词警报文档类型中输入两个对偶搜索条目，从而分别针对新闻标题中的"破产""跑路"两个关键词进行警报：

```
curl -i -X PUT -H "Content-Type:application/json" -d \
'{
    "query":{
        "match":{
            " 标题 ":" 破产 "
        }
    }
}' 'http://localhost:9200/news-2/ 关键词警报 /1'
```

下面的命令会对"跑路"关键词进行警报：

```
curl -i -X PUT -H "Content-Type:application/json" -d \
'{
    "query":{
        "match":{
            " 标题 ":" 跑路 "
        }
    }
}' 'http://localhost:9200/news-2/ 关键词警报 /2'
```

可以看到，上面的操作内容和普通查询非常类似，只是 RESTful 操作由 POST 变成了 PUT，将查询存储在了索引中。一切就绪之后，就可以开始对文档进行判断了。

下面首先输入一篇标题中不含相关关键词的文档。可以看到下面的语法与普通查询极为类似，唯一的差别是查询类型由 match（字段配对）变成了 percolate（对偶搜索）：

```
curl -i -X POST -H "Content-Type:application/json" -d \
'{
    "query":{
        "percolate":{
            "field":"query",
            "document_type":"doctype",
            "document":{
                " 标题 ":"11 月外汇交易增四成个人购汇额度不变 "
            }
        }
    }
}' 'http://localhost:9200/news-2/ 关键词警报 /_search'
```

返回的内容如下，可以看到这一查询并没有触发任何对偶搜索条目：

```
{
    "took":10,
    "timed_out":false,
    "_shards":{
        "total":5,
```

```
            "successful":5,
            "failed":0
        },
        "hits":{
            "total":0,
            "max_score":null,
            "hits":[

            ]
        }
    }
}
```

下面让我们查询一条标题含有相关关键词的新闻：

```
curl -i -X POST -H "Content-Type:application/json" -d \
'{
    "query":{
        "percolate":{
            "field":"query",
            "document_type":"doctype",
            "document":{
                "标题":"韩国最大海运公司破产面临全球扣船危机"
            }
        }
    }
}' 'http://localhost:9200/news-2/关键词警报/_search'
```

可以看到返回的消息中包含了有"破产"关键词的对偶搜索条目：

```
{
    "took":39,
    "timed_out":false,
    "_shards":{
        "total":5,
        "successful":5,
        "failed":0
    },
    "hits":{
        "total":1,
        "max_score":0.5398108,
        "hits":[
            {
                "_index":"news-2",
                "_type":"关键词警报",
                "_id":"1",
                "_score":0.5398108,
                "_source":{
                    "query":{
                        "match":{
                            "标题":"破产"
                        }
```

```
                }
            }
        }
    ]
}
```

9.4 Kibana 快速入门

Kibana 是一款基于网页的数据可视化工具。它能与 Elasticsearch 紧密整合，完成对数据的查询、整合、可视化和面板自动更新等多项功能。到 2016 年年底本书写作之时，Kibana 已经发展到了 5.1 版本，成为了主流的实时数据监控利器，可以对常用表格数据、时间序列及网络结构进行高效可视化。

Kibana 往往需要和 Elasticsearch、LogStash 集群混合使用，所以我们统称它们为 ELK 集群。ELK 集群的出现解决了数据分析中巨大的痛点，ELK 出现之前，数据分析通常需要经过下面几个步骤。

1）数据抽取：数据抽取步骤主要是指从数据库中抽取需要可视化和分析的数据，这一步通常是通过 SQL 等语言来完成的。

2）数据加工处理：这一步会对数据抽取结果的格式等进行简单的操作，并且将处理完成的数据存储在数据库中。

3）通过网页呈现处理好的数据：对数据的呈现，往往需要通过网页和前端操作来实现，这就会涉及 JavaScript D3 等进行网页渲染的操作。

在笔者初入工业界的时候，这样的流程是数据分析和可视化的必经之路。在笔者供职的一些部门里面，制作数据可视化面板曾经是新人熟悉业务的必经之路，因为上面的操作是如此之复杂，以至于可以让新人熟悉整个系统的操作。

当然，这个流程的弊端也很明显，为了完成上面的三步操作，往往需要利用三种不同的语言进行编程：为了抓取数据，可能需要进行 SQL 编程；为了进行网页后端处理，可能需要写 Python、Java，甚至 R 等语言；为了对数据进行可视化，可能需要编写 JavaScript 等语言。这样杂糅的流程会大大降低迭代的速度，而且容易出错，大量浪费开发人员的精力。

ELK 出现了之后，数据可视化的流程更改成为下面的步骤。

1）在 Kibana 操作界面中进行交互性数据探索，通过可视化界面存储需要存储的可视化结果。

2）在数据面板中加入上一步中存储的可视化结果，即可在后面收到实时更新的数据可视化结果。

使用 ELK 之后，上面的可视化操作将全部在 Kibana 网页界面中通过交互式来完成，唯一需要编程的内容是 JSON 格式的查询语句。这就使得迭代速度大幅提升，同时也大大降低了系统的复杂度，减轻了运维的负担。下面就来介绍 ELK 集群的配置和 Kibana 的基本可视化操作。

9.4.1 利用 Docker 搭建 ELK 集群

首先来介绍 ELK 集群的搭建方法。在 RabbitMQ 这一章的实战内容中，我们已经成功利用 Docker Compose 将 LogStash 和 Elasticsearch 连接起来。本章只需要再增加一个 Kibana 集群，并以此进行操作即可。

下载本章实例程序，只需要执行下面的操作：

```
git clone
https://github.com/real-time-machine-learning/5-elasticsearch-logstash-k
```

该实例集群分为五个部分，具体如下。

❑ 数据源：这里是一个含有原有股票数据的虚拟机镜像，在此通过 Python 小程序将数据输入到 RabbitMQ 队列中。

❑ RabbitMQ：这里的消息队列负责联系各个服务，并对数据进行一定的缓冲。这里用 RabbitMQ 联系 LogStash 和数据源。

❑ LogStash：ELK 集群的门户，LogStash 负责从 RabbitMQ 中读取数据，并且转换成需要的格式，存入 Elasticsearch 中。

❑ Elasticsearch：数据的存储、搜索引擎。

❑ Kibana：用户进行可视化操作和监控的窗口。

这五个部分分别对应于下面的 Docker Compose 配置文件：

```
data-dump:
  build: ./data-pump/
  links:
    - rabbitmq
rabbitmq:
  image: rabbitmq:3-management
  ports:
    - "15672:15672"
    - "5672:5672"
logstash:
  build: ./logstash/
  links:
    - elasticsearch - rabbitmq
elasticsearch:
  image: elasticsearch:5.0
  ports:
    - "9200:9200"
```

```
kibana:
  image: kibana:5.0
  links:
  - elasticsearch
  ports:
  - "5601:5601"
```

这里的实例沿用了前面使用的秒级实时股票数据。其中 LogStash 的配置和 RabbitMQ 章节（第 7 章）中的配置类似，这里只是对数据的格式进行了改进，为了保证能够真实地还原原始数据，我们采用了 OHLCV 格式（Open、High、Low、Close、Volume，OHLCV，中文称之为开盘、最高、最低、收盘及成交量）。同时为了易于对股票按照代码进行加总，这里将代码（Symbol 字段）设置成为 keyword（关键词）字段类型。整体配置如下：

```
{
    "template":"stock_price-*",
    "mappings":{
      "counter":{
        "properties":{
          "Open":{
              "type":"float"
          },
          "High":{
              "type":"float"
          },
          "Low":{
              "type":"float"
          },
          "Close":{
              "type":"float"
          },
          "Volume":{
              "type":"float"
          },
          "timestamp":{
              "type":"date"
          },
          "Symbol":{
              "type":"keyword"
          }
        }
      }
    }
}
```

以上集群开始运行以后，名为 data-dump 的虚拟机服务器中的 Python 程序将会向 RabbitMQ 中传递报价信息，传递完成后它会自动关闭。而该集群的其他虚拟机服务器将会继续运行，直到用户关闭为止。

ELK 集群开始运行之后，就可以通过 http://localhost:5601 访问 Kibana 界面了，本节后面的所有操作都会在 Kibana 中可视化完成。如图 9-6 所示，Kibana 界面主要分为左边目录和右边操作区两部分。其中左边目录按照 Kibana 的主要功能分为数据初探（Discover）、可视化（Visualize）、面板（Dashboard）、时间序列工作区（Timelion）、管理（Management）和开发工具（Dev Tools）几大部分。图 9-6b 开发操作区显示的内容可随图 9-6a 目录的选择而变动。

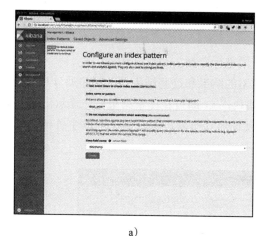
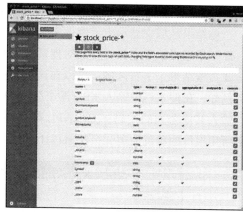

a) b)

图 9-6 Kibana 索引配置界面

9.4.2 配置索引格式

开始使用 Kibana 进行操作的时候，首先需要对相关数据集所在的 Elasticsearch 索引进行配置。最初通过 http://localhost:5601 登录 Kibana 的时候，可以看到如图 9-6a 所示的界面。这里需要输入操作相关索引的名称。

Elasticsearch 对数据存储的一个建议是，对于时间序列等格式的数据，按照日期分别建立索引，这样就可以方便地对不常用的索引进行压缩和归档。对此，索引名称往往会包含日期等变动的字段。为了方便操作，Kibana 允许我们用星号来代替任意字段，这里将用 stock_price-* 来读取与实时报价有关的所有信息。

另外我们还需要告知 Kibana 数据是按照哪个字段进行时间标签记录的。点开 Time-field names 下拉菜单，可以看到两个备选项。其中 @timestamp 是由 LogStash 自动创建的处理时间戳，而 timestamp 是按照股价报价而来的时间戳。这里将选择 timestamp。最后点击 Create 按钮，Kibana 将会对相应的索引进行查阅，之后则会进入图 9-6b 所示的界面。该界面显示了相应索引的字段信息，如 OHLCV 字段的类型，是否可以被加总，是否按文字进行分析等信息。

每个 Kibana 集群都可以对多个索引进行可视化。如果有需要，可以点击左上角的 Add New 按钮，添加更多的索引到 Kibana 可视化界面中来。

9.4.3　交互式搜索

对数据进行可视化操作的第一步，往往是需要进行一些交互式的数据查阅，了解数据的字段属性和大致分布情况。这样的操作可以通过 Kibana 的数据初探（Discover）工具来完成。点击左边栏的 Discover 按钮，即可来到交互式搜索界面，类似于图 9-7 所示[⊖]。

数据初探操作区可以大致分为如下三个部分。

❑ 搜索栏：位于操作页面的上方，可以输入一些关键字，点击搜索按钮，即可在下面的结果区域中显示出示例搜索结果。

❑ 字段选择：下左栏，可以对搜索结果的字段进行选择。

❑ 搜索结果：下右区域，可以在这里看到搜索的结果和这些结果的时间序列分布。

例如，在搜索栏中输入 FB（脸书公司的股票代码），即可在搜索结果栏中显示出一些记录。输入其他公司的代码，如 AAPL 等，还可以看到其他公司的示例。可以注意到，该数据集所用报价的单位为美元报价乘以 1000。

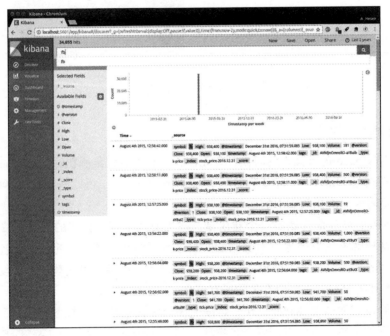

图 9-7　Kibana 索引配置界面

9.4.4　可视化操作

对数据进行了初步的了解之后，就可以开始可视化的操作了，点击 Kibana 操作页面左

⊖　注意这里的数据时间区间位于 2015 年 8 月 3 日到 2015 年 8 月 4 日，我们需要点击右上角的搜索时间区间，进行相应的选择，才能获得本节例子中的效果。

栏中的可视化（Visualize）按钮，即可进入可视化操作界面。第一次进入的可视化操作界面时，该界面如图 9-8 所示。

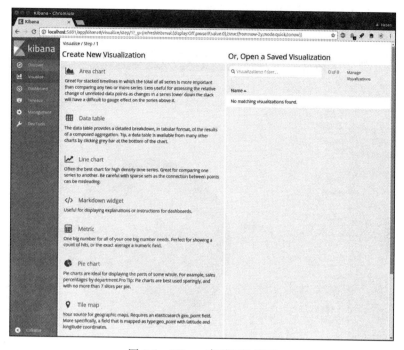

图 9-8　Kibana 索引配置界面

可视化操作界面的左边栏，可以创建新的可视化，其中选项包括直方图（Area Chart）、表格（Data Table）、线图（Line Chart）、饼图（Pie Chart）、块状地图（Tile Map）等。可视化操作界面的右边，可以对保存的可视化结果进行编辑。在初次运行的时候，右边栏的内容往往为空，因为暂时还没有可以修改的可视化结果。下面就对实时报价数据进行饼图、线图和关键数据可视化。

1. 饼图可视化

饼图可以让我们对不同来源的相同属性数据的比例有一个直观的认识。这里以可视化成交量为例，进行饼图可视化操作。

如图 9-9 所示，点击可视化界面中的饼图选项（Pie Chart），进入饼图创建界面。该界面分为上方搜索栏、下左侧配置栏和下右侧结果栏三部分。进行饼图可视化操作需要考虑下面三方面的信息。

❏ 数据总体：所有的可视化结果都是建立在搜索栏的搜索结果之上的，可以利用搜索栏，缩小所需可视化数据的范围。这里需要对所有可用的数据进行可视化，所以该栏暂时为任意符。

❏ 饼图数值（metric）：饼图的数据应该代表什么概念呢？这里可以设置加总方式

（Aggregation）和加总数值（Field）。其中加总方式包括总和（Sum）、计数（Count）、均值（Mean）等多种方法，这里选择了对成交量（Volume）进行总和。

- ❑ 分块方式（bucket）：饼图应该按照什么样的方式进行分块？可以按照关键词（Terms）等多种方式进行分块。这里按照代码关键词进行分块。

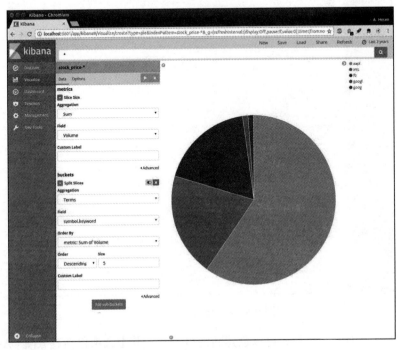

图9-9　Kibana饼图配置界面

完成上面的配置之后，只需要点击左边配置栏目的蓝色运行按钮，即可在右边看到可视化结果。想要保存该结果，点击本页顶端的保存（Save）按钮，即可将本界面的可视化结果保存起来，以供日后使用。

2. 关键数据可视化

有的时候我们需要将一些非常关键的 KPI 数据也加入到实时监控面板中，例如实时报价等信息，这样可以一目了然地对整体情况进行了解，在 Kibana 中进行这样的操作也是非常方便的，在 Kibana 可视化界面中选择关键数据（Metric），即可来到如图 9-10 所示的关键数据可视化操作界面。关键数据可视化界面和前面的饼图可视化界面类似：同样可以通过搜索栏来缩小可视化数据的范围，例如这里输入了关键词 fb，将仅对 Facebook 公司的股票价格进行呈现；左下栏是配置区域，可以选择对不同的字段进行不同方式的呈现，这里选择了对每秒收盘价的百分位数进行可视化。

同样的，在完成以上配置之后，可以点击浅蓝色的运行按钮，运行查询对数据进行可视化，也可以点击当前界面顶端的保存（Save）按钮对当前可视化结果进行保存。

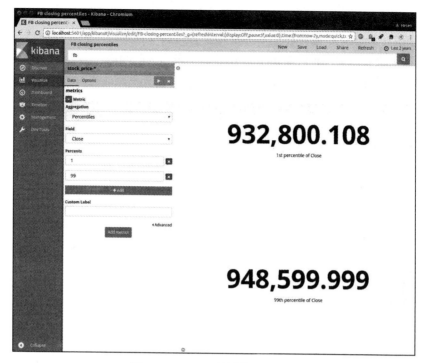

图 9-10　Kibana 关键值配置界面

3. 时间序列可视化

Kibana 最重要的功能是对时间序列进行可视化，为此 Kibana 的开发团队专门开发了一套名为 Timelion 的时间序列可视化工具，该工具自身配备了一套语言，可以方便地对时间序列进行各种设置。

启动该工具，只需要点击 Kibana 操作面板左边的 Timelion 按钮即可，进入的界面包含命令栏和结果栏两部分。Timelion 的主要文档位于该操作界面顶端的文档（Doc）按钮中，一般用户都可以据此依样进行操作。如图 9-11 所示，笔者对 Facebook 公司股票的收盘价进行了可视化。该可视化命令为：

```
.es(index=stock_price-*,
    metric="avg:Close",
    timefield="timestamp",
    q=fb)
```

上述命令可以进行如下的分解。

❑ 数据来源：Timelion 的功能非常强大，不但可以从 Elasticsearch 中读取数据，还能从 World Bank 等计量经济数据提供者中直接读取数据。所以 .es 命令告诉 Timelion 将从 Elasticsearch 中读取数据。

❑ 索引名称：这里的 index 字段告诉 Timelion 将从名为 stock_price- 的任意索引中读取

数据。

❑ 计算结果：metric 字段告诉 Timelion 需要为每秒收盘价计算平均值。

❑ 时间戳字段：该字段告诉 Timelion 用什么字段作为时间戳。

❑ 数据搜索：这里告诉 Timelion 仅仅对包含 fb 关键词的记录进行可视化。

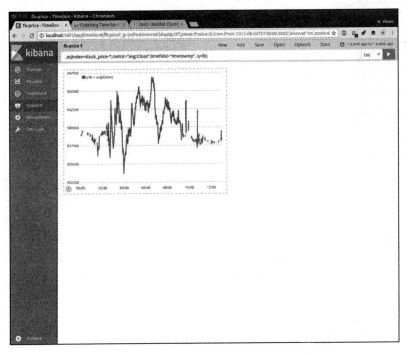

图 9-11　Timelion 对时间序列进行可视化的结果

同样的，执行完成以上操作之后，就可以点击页面顶端的保存（Save）按钮来保存当前的可视化结果了，如图 9-11 所示。

9.4.5　实时检测面板

进行实时数据检测，往往需要同时监控多个数据可视化结果，这就要求对前面的数据可视化结果进行整合，最后制成实时检测面板。此外，还需要对可视化面板进行自动化更新。

点击 Kibana 左侧监控面板（Dashboard）按钮，其中，页面顶端的添加（Add）按钮可用于添加可视化原件。这里可以选择前面保存的三个可视化结果，将它们添加到该面板中。Kibana 的可视化操作选项已经非常强大，可以交互式地对各个可视化原件进行缩放、拖曳位移。满意之后，保存上面的可视化结果，最后即可得到图 9-12。

类似的，也可以保存该检测面板的设置，保存过程中可以设置是否实时更新面板的内容。最后可以通过页面最上方的分享（Share）按钮，将该面板的内容分享给其他人员，方便所有相关人员对数据实行实时监控。

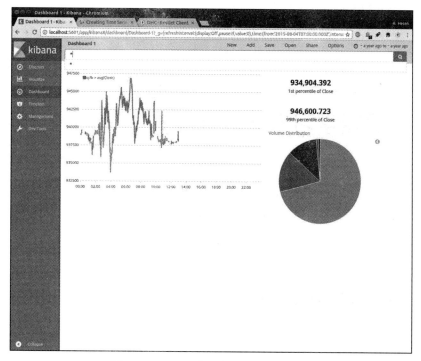

图 9-12　Kibana 实时检测面板配置结果

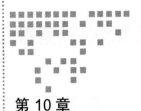

Chapter 10 第 10 章

机器学习系统设计模式

10.1 设计模式的前世今生

10.1.1 单机设计模式逐渐式微

设计模式（design pattern）在计算机专业学科里面往往是一个学期的专业课程。在计算机软件开发仍然以单机开发为主的时代，设计模式就单独提了出来，用于总结在实际应用中经常出现的开发形式。

例如在传统单机编程中，我们往往需要按照用户的选择创造不同的对象。而这类工作被众多计算机编程的先贤们总结出来，取名为工厂方法模式（factory pattern）。计算机基础经典教材《设计模式》一书中，一共列出了 23 种常用的设计模式。设计模式至今仍然是众多互联网公司软件工程师面试的重要部分之一，在传统单机版软件的设计中，仍然有着举足轻重的作用。

可是，自 2010 年以后，传统单机软件设计模式这样的概念逐渐式微，笔者认为有下面几个方面的原因。

（1）微服务兴起

单机程序时代，计算机程序主要由单个代码库构成，这就需要代码符合设计模式的要求；而计算机网络时代，计算机程序可能是由众多装载在 Docker 虚拟机中的微服务构成的。每个微服务都具有特定的功能，以前传统设计模式所需要完成的任务，往往会被微服务系统架构所代劳。

（2）面向函数编程的兴起

设计模式的撰写是随着面向对象编程而产生的，在当今快速迭代、服务器无状态性要求的情况下，面向函数编程的做法逐渐成为了主流。一些在面向对象的编程中，需要使用复杂设计模式才能完成的任务，在 Clojure 等面向函数编程的语言下，只需要若干行代码即可完成。

（3）开源软件大行其道

在单机编程时代，一个程序的众多功能往往都需要通过自身的代码库来实现。而在现如今百花齐放的开放源代码社区里面，常见的任务都已经可以直接使用成熟的开放源代码软件。以前需要多加考虑的 RPC 模式、PubSub 模式等，都已经可以通过 RabbitMQ 等服务自动实现，这也大大减少了开发人员重复造轮子的必要。

10.1.2　微服务取代设计模式的示例

本节采用实时存储金融市场报价数据的例子进行说明。在实时金融预测等场景中，往往需要对股票和期权两种金融工具的报价进行存储。股票的实时报价包含时间戳、股票代码、价格三个方面；期权的实时报价信息还包括行权价格、期权种类两项额外的信息。这样的数据往往会用关系型数据库进行存储，将股票和期权信息分别保存到不同的数据表中。与此同时，我们还需要对数据的存储工作产生日志，以便进行监控。

对于这样的任务，不同时期的开发人员通常会开发出两种不同的方案，设计模式指导思想下的设计往往会和微服务指导思想下的设计大相径庭。设计模式指导思想下的设计如图 10-1 所示。在设计模式下开发出的实时金融数据存储架构往往会如图 10-2 所示。

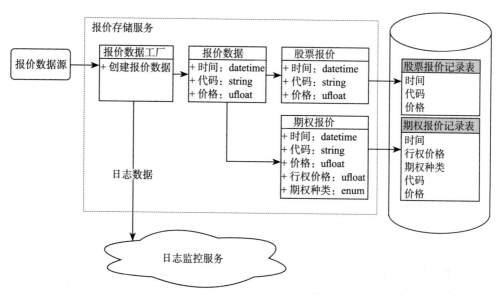

图 10-1　在单机开发环境中，使用设计模式开发的实时金融数据存储架构

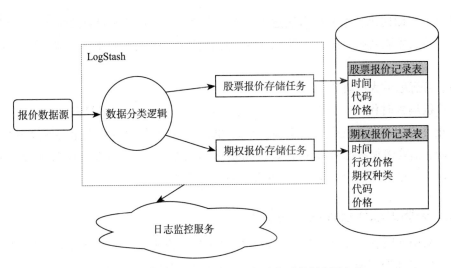

图 10-2 在微服务开发环境中，实时金融数据存储架构

单机开发环境中的设计方案分为以下三个部分。

1）开发人员定义报价数据类，并让股票报价和期权报价分别继承报价数据类。为了根据实时数据产生对应的对象，开发人员还需要定义报价数据工厂类，按照实际到来的数据产生对应的对象。

2）每一个由报价数据工厂产生的对象，都可以通过对象关系映射框架（Object Relation Mapping，ORM），如 Java 下的 Hibernate，存储到关系型数据库对应的表单中。

3）为了进行日志管理，开发人员还需要在报价数据工厂中自行编写日志产生的逻辑。

在主流语言（如 Java）下开发这样的服务，往往需要 200 行左右的代码，定义 4～5 个类。其弊端是显而易见的，首先开发速度缓慢，开发人员的大部分时间耗费在了定义类关系上，而不是描述该架构应该具体完成的工作上；其次，由于采用了设计模式和多个类，运行过程中的排错是个很大的问题；最后，由于代码需要人工编写，因此免不了在后期进行修修补补。

与此相对应，采用微服务的指导思想，开发出来的设计方案可以分为以下两部分。

1）用 LogStash 负责将数据按照内容进行分类，分类后的数据按照配置进入对应的数据表中。

2）为了方便排错，LogStash 日志文件将直接进入日志服务中。

值得注意的是，按照上面的方法配置服务，我们不需要进行任何编程，只需要进行 LogStash 配置即可。配置文件包括 LogStash 配置文件和对关系型数据库进行操作的 SQL 文件两部分，可以非常直观地进行排错和分析。LogStash 是工业界广泛使用的成熟软件，日志等功能非常完善，很方便用于排错，而且不用人工编写日志逻辑。由于人工干预大大减少，因此整个系统的开发效率和稳定性得到大大提高。

10.1.3　微服务设计模式的兴起

单机设计模式逐渐式微，是否代表设计模式这样的思想完全过时了呢？其实不是的。机器学习从业人员发现，在微服务中，不同的服务排列组合，也遵循着各种规律。这样的规律逐渐总结起来，就成为了微服务时代的新型设计模式。

与经典的单机设计模式的定义不同，现今基于微服务的设计模式仍然还在总结归纳的过程中。笔者阅读过大量的相关文献，发现到本书交稿时间为止，工业界暂时还没有一个统一的微服务设计模式指导。例如，有专业人员将微服务设计模式按照服务之间的网络结构进行划分，定义了总和、代理、链式、分支、共享数据、异步消息等设计模式[⊖]。在本书的前面（第 5 章）也已经提到过，在数据处理领域，专业人员已经总结出了 Lambda 架构，Lambda 架构可以说是一个按照功能结构定义的设计模式。

为了配合本书的内容，在此将微服务架构设计按照功能进行分类，可以分为如下三个大类：

- ❏ 读取
- ❏ 更新
- ❏ 处理

每个大类都将总结出常用的微服务架构设计模式。配合前面章节介绍的实时机器学习架构组成部件，我们将在此对各个设计模式进行详细介绍。这里的设计模式由本书笔者自主提出，其内容在业界尚属首次。

另外值得一提的是，我们在此提倡的微服务设计模式是对以往单机软件开发设计模式的补充，其着眼点是从多个服务组合而成的系统架构入手。这并不妨碍我们在各个服务的编程中仍然使用单机开发的设计模式思想。另外，本章内容仍然沿用设计模式定义中的基本概念，我们将按照下面这些要点进行介绍：模式名、问题、解决方案、动机、适用性、结构、参与者、影响、实现、已知应用等内容。

10.2　读：高速键值模式

10.2.1　问题场景

在实时机器学习的应用中，我们往往需要对一些数据进行快速读取，而且在读取的过程中，读取结果和查询所用的信息要有一一对应的关系。这样的问题常常采用高速键值模式来解决。下面是一个应用场景的例子。

1. 实时呈现预先处理好的结果

在进行内容、产品、用户推荐的时候，我们往往可能会先通过离线批处理的方式训练

⊖　详见 http://blog.arungupta.me/microservice-design-patterns/。

好机器学习推荐模型，这个时候就会得到类似于下面的数据：

```
{
    用户 ID:
    {
        推荐内容 1：得分 1,
        推荐内容 2：得分 2,
        ...
        推荐内容 n：得分 n
    }
}
```

注意：这样的应用往往对延迟有较为苛刻的要求，在获得用户 ID 的情况下，微服务最好在若干微秒之内就能返回推荐内容，这就使得查询不能过于复杂或耗时太长。

2. 对网页访问等进行计数

当今各种网站、应用往往都有实时计数器，社交网络往往也会统计对各个文章的赞数。这样的数据都需要以非常低的延迟进行更新，并且提供给所有访问的用户。在这种情况下，网页 ID 和用户 ID 是具体给定而且不变的，而数据则可能随时改变。对于网页访问统计的情况，我们往往会得到如下的数据：

```
{
    网页 ID: {
        访问数量：计数
    }
}
```

10.2.2 解决方案

为了解决上述高速读取数据的问题，我们通常会采用微服务设计模式中的高速键值模式作为解决方案。高速键值模式微服务结构如图 10-3 所示。这样的架构往往包含如下几个方面。

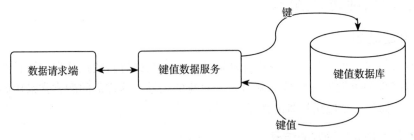

图 10-3 高速键值设计模式的微服务架构

❑ 数据请求端：数据请求端是整个请求的发出方。例如，对于网页计数器的场景，数据请求端可能是网页前端服务。

❑ 数据键值服务：数据键值服务是整个请求的处理单元。该处理单元会对请求进行加工整理，并且从中提取出所需读取的键（key），读取数据，并且对异常情况进行反馈，对结果进行加工，并且最后反馈给数据请求端。

❑ 键值数据库：键值数据库是数据存储的位置。常用的键值数据库包括 Redis 等。

10.2.3 其他使用场景

除了前面提到的网页计数、推荐系统等应用场景之外，高速键值设计模式还可用于以下应用场景。

1. 关键词扩展

在搜索等应用场景中，我们往往需要对关键词进行扩展。例如"天平座"这样一个关键词，可以被扩展成为"天秤座""Libra"等类似的词语。通过这样的关键词扩展，可以增大搜索范围，提高用户体验。

关键词扩展所用的数据通常是通过自然语义专家在线下整理完成的。在线上使用的时候，可以通过高速键值设计模式对应的架构，进行关键词扩展。如果读者有幸能够阅读一些搜索引擎的核心算法代码，可以发现大量结构都可以利用这样的结构来完成。

2. 机器学习模型参数存储

在使用机器学习模型的时候，一些可变的参数往往需要存储起来，以便于调用。在外部服务中存储参数，可以便于日后对模型的更改和对参数的更新。在调用机器学习模型之前，通过高速键值设计模式微服务来获得所有参数，是工业界中机器学习预测一个非常常见的做法。

10.3 读：缓存高速查询模式

10.3.1 问题场景

在机器学习实战应用中，键值的存储形式往往不能完全胜任所有的需求，开发人员仍然需要按照查询的方式从数据库中对数据进行读取，以供机器学习模型使用，而且这样的查询需要尽量快完成。为此，缓存高速查询模式就顺理成章地出现了。

10.3.2 解决方案

缓存高速查询模式的中心思想是，通过可以高速查询的数据库返回查询的内容，并且对查询结果进行缓存。这样操作以后，需要经常执行的查询语句所对应的结果就可以通过缓存直接获得了。这样的微服务结构在现今机器学习相关领域已经得到了非常广泛的应用。

缓存高速查询设计模式的系统架构主要分为如下三个方面，如图 10-4 所示。

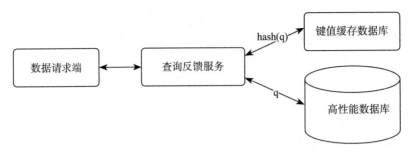

图 10-4　缓存高速查询设计模式架构图

1. 高性能数据库

高性能数据库是缓存高速查询设计模式中数据存储的核心，它负责通过查询的方式返回所需的数据。由于低延迟的要求，这里的数据库往往会按照性能进行优化。例如对于MySQL 等数据库，可能会对常用的查询字段进行索引，以加快查询速度；有的架构直接采用 Cassandra 等列数据库，以利用其在高吞吐量查询情况下的性能优势。

2. 键值缓存数据库

键值缓存数据库用于存储先前进行过的查询及查询的结果。在实际应用中，键值缓存数据库往往是 Redis、Memcached 等数据库，查询的键（key）往往是查询语句的哈希值，而对应的数据（value）则是查询语句的结果。

3. 查询反馈服务

查询反馈服务是整个缓存高速查询模式的消息交换枢纽。查询反馈服务负责从数据请求端的请求中提取相关信息，构建查询语句，并且首先试图从键值缓存数据库中读取缓存数据。如果读取成功，那么对应的返回值会被直接返回；如果读取失败，那么该查询将用于从高性能数据库中读取结果。从高性能数据库中读取的结果将会返回，同时缓存在键值缓存数据库中。

值得一提的是，在实际应用中，查询往往会服从长尾分布，或称 8020 定律，即总体中 20% 的查询占据了 80% 的访问量。这就使得缓存高速查询设计模式变得尤为有用，因为只需要一小部分缓存，即可满足大部分访问流量的需求。另外，由于长尾分布，键值缓存数据库往往不可能存储所有查询的内容，这就需要开发人员对存储结果的缓存进行取舍。Redis 等数据库已经对缓存的管理策略进行了自动化定义，用户可以自由选取[⊖]。

另外，一些比较现代化的数据存储工具，如 Elasticsearch、亚马逊云服务（AWS）的专属高性能 SQL 服务 Aurora，在设计之初都已经意识到了缓存结果的常见性和重要性，所以其系统内部已经自带了对结果的缓存。采用这样的服务，只需要对缓存方面进行少许配置即可。

⊖　详见 https://redis.io/topics/lru-cache。

10.3.3　适用场景

缓存高速查询设计模式可以说是本章介绍的设计模式中使用最为广泛的设计模式，它已经广泛应用于各类在线服务中。常见的电商、娱乐、物流等应用场景中都可以看到它的身影。在实时机器学习的应用中，常用的场景包括如下两个方面。

1. 机器学习模型因变量存储

与10.2节所介绍的高速键值设计模式类似，缓存高速查询模式也可以应用于机器学习模型的因变量存储上面，通过缓存高速查询设计模式微服务得到的数据可应用于机器学习的预测等工作。

2. 存储机器学习模型结果

与此同时，机器学习预测或分类的工作往往也可以看作是一个查询工作。可以通过类似的架构，将机器学习预测模型的结果缓存起来，用于快速使用，而机器学习模型仅仅在预测尚未遇见的情形时才会得到使用。这样可以大大降低整个机器学习预测架构的负担，加快预测速度。

10.4　更新：异步数据库更新模式

10.4.1　问题场景

在实时机器学习应用中，我们往往需要对所用的数据进行更新。这些数据起到的作用可能是多种多样的，例如前文提到的预先处理好的推荐系统数据，会以键值数据的形式存储在高速键值数据库中，当根据新数据完成训练之后，可能还需要对高速键值数据库中的数据进行更新。

又如，我们的分类模型需要用到一些用户层面的数据，例如最近一个月消费总额可能随时间变化的数据等，这些数据可能通过前文提到的高速键值模式或缓存高速查询模式呈现给用户。当获得了新鲜数据之后，也需要对先前的数据进行更新。

与此同时，还可以预计到，为了满足高通量读写的功能，前端可能会同时部署多个只读数据库，存储完全相同的只读版本的数据。这个时候也就要求我们对多个只读的数据库进行更新。

10.4.2　解决方案

回顾数据库介绍章节（第8章）的内容，我们可以意识到，实际应用中，需要更新的数据往往会用来作为机器学习模型中的参数，用户对它们的一致性要求并不是特别严格。例如我们需要更新推荐系统的内容，但是早或晚更新几秒钟，可能并不会对用户的体验带来灾难性的影响。

异步数据库更新的关键就在于利用上述对数据一致性要求较弱的特点，对数据进行异步更新。异步数据库更新设计模式的主要成员如图10-5所示，其中包括如下几个组成部分。

❑ 后端数据更新服务：后端数据更新服务负责产生更新之后的数据，并且将其存储在主数据库中。

❑ 主数据库：在生产环境中为机器学习提供服务的数据库往往都会以主 - 从数据库的形式存在。主数据库负责接受数据写入，再通过数据库自身的底层通信复制手段，将数据复制到从数据库中。从数据库往往只负责读取，是只读数据库。Redis、MySQL都具有这样的复制功能。

❑ 从数据库：从数据库负责对使用数据的服务进行响应，从数据库的内容全部来自于主数据库。

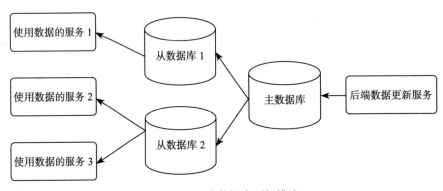

图 10-5　异步数据库更新模式

值得注意的是，主 - 从数据库之间的同步更新可能会利用数据库内部自带的更新机制，也有可能依赖于数据库外部专门为之搭建的服务，例如 AWS Data Pipeline 等。

10.4.3　使用场景案例

异步数据库更新设计模式是在机器学习领域应用非常广泛的设计模式之一，下面给出了一些例子。

1. 推荐系统内容更新

在推荐系统的应用中，对于某些常见的联合过滤等情形，我们往往会在线下准备好与每个用户、物件相关的推荐内容，如：

```
{
用户名 : " 张三 ",
推荐物品 :[
  {
    物品 ID:123,
    得分 : 1.23
```

```
        },
        {
            物品 ID:234,
            得分：0.89
        },
        {
            物品 ID:321,
            得分：0.23
        }
    ]
}
```

上面的数据往往会存储在数据库中，如 Redis、PostgreSQL 等，以供快速查阅。同时，上面的物品 ID 和权重可能会随着时间和用户习惯的更新而改变。这里我们可能需要对这两项数据进行连续更新。更新的时候往往会更新主数据库，然后使用只读备份的方法让读数据库也具有上面的内容。

2. 机器学习参数更新

在机器学习模型中，我们往往需要在数据库中存储与用户、事件有关的参数。例如，在对用户的购买概率进行预测的场景下，我们往往需要对每个用户产生用户画像。用户画像的形式可以是多种多样的，下面是一个用户画像的例子：

```
{
    用户 ID：123,
    常见地理位置:[{
        权重:0.7,
        坐标：{
            经度：36.12123,
            纬度：128.14457
        }
    },
    {
        权重：0.3,
        坐标：{
            经度：18.12454,
            纬度：20.87564
        }
    }],
    产品喜好:[{
        门类：化妆品，
        权重：0.78
    },
    {
        门类：婴幼儿，
        权重：0.15
    }
    ]
}
```

可以注意到，上面的用户画像数据往往会随时间而改变。上面的数据也常常会存储在 Cassandra 等 NoSQL 数据库中，对其进行更新可以遵循异步数据库更新模式。

10.5 更新：请求重定向模式

10.5.1 问题场景

10.4 节介绍的数据库异步更新模式，假设了先后使用的数据都存储于相同类型的数据库中，只是具体的数值发生了改变。如果我们需要对模型、算法逻辑，甚至是整个功能模块进行更新，又该用什么样的模式呢？

例如，在物流的使用场景中，我们往往需要对投递成功率进行预估，该预估的模型可能会经过多次改进，初期版本可能只与传统的 MySQL 数据库相连，而后期版本则会与 Elasticsearch、Redis 等多个服务进行对接。

10.5.2 解决方案

请求重定向模式就能解决这样的问题。顾名思义，在请求重定向模式中，我们会采用重定向的方法，将访问流量直接转换到更新后的服务中，而不会对原有服务进行改变。

请求重定向模式包括如下几个组成部分，如图 10-6 所示。

❑ 原始服务：原始服务是已经存在的机器学习服务，它可在生产环境中稳定运行。原始服务可能是 RESTful API 的一个终点，也可能是一个机器学习服务处理队列，如 RabbitMQ 队列、亚马逊云服务 Kinesis 队列等。它通过重定向交换中心和数据使用端相连。

❑ 重定向交换中心：重定向交换中心是请求重定向设计模式的关键。它负责遵循命令将机器学习处理任务指向到特定的处理后端中。重定向交换中心可能是一个 RESTful API 服务，也可能是一个 RabbitMQ 消息交换中心，甚至还可能是亚马逊云服务的 Simple Notication Service（SNS）。

❑ 新服务：新服务后端是需要取代原始服务后端的组成架构，它往往具有和原始服务兼容的接口，以满足服务的延续性运行。

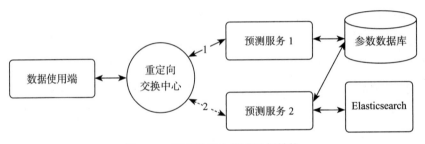

图 10-6 请求重定向模式示例结构

值得一提的是，不少比较现代的服务架构也意识到了请求重定向模式的重要性。它们在自身服务中也采用了重定向服务。例如，Elasticsearch 已经有了多年使用重定向服务的经验。Elasticsearch 在使用的时候可以设置定向名，外部服务通过定向名进行访问，而内部服务会将访问重定向到所需的后端索引中去，这样的更新模式也是请求重定向的模式。以图 10-7 为例，我们可以在 Elasticsearch 中设置重定向名 place，外部服务始终按照该名称对数据进行访问，而不同版本的索引则是通过重定向服务进行交换。

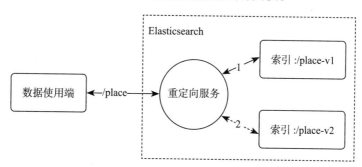

图 10-7　Elasticsearch 中重定向模式示例结构

请求重定向模式由于其结构的复杂性，在实际应用中得到了非常广泛的应用。可是非常遗憾的是，人们在设计系统之初往往会忘记对特定的环节设置重定向服务，这也导致在后期模型更新的时候会遇到不少麻烦，如果能够提早做好计划，那么后期遇到的问题就会少得多。建议读者在设计系统架构之初就对所有可能进行更换的系统架构都做好预判，加入重定向服务节点，这会为后面的工作减轻不少负担。

10.5.3　更新流程

请求重定向模式由于其结构的复杂性，在使用上也需要经过较多步骤，具体如下。

1）部署新服务后端。在部署开始之初，我们需要首先部署新的服务后端，并且对其进行测试。这个时候旧服务后端仍在运行，并且仍在处理数据。

2）更新重定向交换中心，将请求指向到新服务后端。这个时候新旧两个后端都在运行，但是更新之后新后端将开始处理数据。

3）监测新后端的运行情况。此时我们往往不会立即关闭旧后端，会让其继续运行以备不时之需。与此同时，我们会对新后端的各项指标进行监控。

4）完成改动。如果各项指标都能达到满意效果，关闭旧后端，改动完成；如果系统运行出现问题，或者新后端运行效果不如旧后端，那么可以将重定向交换中心指回旧后端，对新后端进行排错修改。值得一提的是，对于一些系统，我们往往不会立即将所有流量完全转向新后端，而是在重定向交换中心加入 AB 检验中随机分配流量的功能，通过监测关键数据的优劣进行流量的分配。另外，在某些系统中，从业人员会逐渐在重定向交换中心加大新后端的使用比例。

10.5.4 使用场景案例

重定向模式可以说是机器学习实战中使用最为广泛的一项设计模式，在众多系统中都可以找到它的身影。下面给出两个例子。

1. 广告后端系统更新

某工业界领先的公司中，具有非常陈旧的广告后端系统，其代码老化，较难支持新业务，而且开发人员早已离职。为了对这样的老旧系统进行更新换代，开发进行的第一步往往就是在系统请求中加入请求重定向交换中心这一元素，以方便对请求进行调节。

在实际使用中，请求重定向交换中心可以对流量进行随机分割，逐步加大对新系统的依赖程度。在正式开始分配流量之初，请求重定向交换中心会将正式请求发送给旧系统进行处理，与此同时，也将同样的流量发送给新系统，但是只将旧系统的结果反馈给用户。这样也有利于开发人员对新系统进行排错，而不会因为没有预想到的问题陷入崩溃。

2. 同城物流公司后端更新

某同城物流公司也采用了请求重定向的方法对机器学习后端进行更新。物流和在线电商等业务有所不同，不管怎么随机分割流量，最后因为消费者行为产生的变化都会对物流整体产生影响，而无法独立衡量。

该同城物流公司最开始采取的是"一刀切"的更新方法。这使得下游物流人员发现需要配送的任务突然全部改变，从而陷入不知所措的境地。这也导致该公司不得不放弃新系统的更新，而回到原有的老旧系统，错过巨大的商业机会。对于这样的情况，更好的方法是，逐步增加新模型所需要处理的任务数量，并且逐步观测其带来的影响。当然，这样的过程是非常耗费精力的，需要从业人员付出极大的耐心。

10.6 处理：硬实时并行模式

10.6.1 问题场景

在实时机器学习的应用中，我们往往需要在短时间（如若干微秒）内对请求做出反馈。这些反馈通常随机地到达实时机器学习服务，在短时间内可能同时会有多个请求到达。这样的需求存在于众多面向大量用户的互联网应用中，如电商推荐、物流预测等。

硬实时并行模式系统结构如图 10-8 所示。

细细说来，硬实时并行模式的使用场景其实包含了如下两个方面的要求：

❏ 能够处理高并发请求。高并发（high concurrency）代表着可能同时需要处理大量任务，这就要求处理系统能够横向扩展，系统的计算、存储和网络负担最多只随请求数量线性增长。

❏ 在高并发的情况下仍然能保证低延迟。这也是完成业务需求的基本需要。

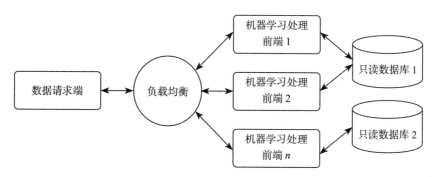

图 10-8　硬实时并发模式系统架构使用场景

10.6.2　解决方案

硬实时并行模式在高并发、低延迟的场景中得到了广泛应用。在前面的系统架构章节（第 5 章），我们已经对硬实时并行模式进行了简单介绍。具体说来，硬实时并行模式包含以下几个元素。

❑ 负载均衡。它负责将请求按照配置分发到不同的机器学习处理前端中去。

❑ 机器学习处理前端。它往往由多台具有相同程序部署的服务器构成，它们大都具有无状态性，以保证机器学习反馈的一致性。注意机器学习处理前端可能是单个服务，也可能是由多个微服务构成的树状微服务集群。

❑ 后端数据服务。其为机器学习前端提供数据支撑，是该设计模式中可选但是一般都存在的模块。后端数据服务可能是数据库，也可能是以前面介绍过的更复杂的数据服务形态存在。

值得注意的是，在硬实时并行的模式中，后端数据服务往往是以只读模式存在的，利用前面介绍过的异步数据库更新模式或重定向模式进行更新。后面的小节将会介绍需要对数据库进行写操作的设计模式。

另外，不是所有数据库的读写方式都能满足低延迟的要求。前面几节介绍过的高速键值模式和缓存高速查询模式往往会在硬实时并行模式中得到广泛应用。如果情况特殊非要实时进行数据库查询，那么其也会将查询对应的列进行索引化处理，以加快查询速度。

10.6.3　使用场景案例

硬实时并行模式存在于现今几乎所有的网页和移动场景中，对于需要及时对用户进行反馈的场景，几乎都能看到硬实时并行模式的身影，下面是几个示例。

1. 在线广告实时点击预估

硬实时并行模式是在线广告业进行点击预估所采用的最常见的架构。在在线广告业务中，数据请求端往往是广告投放前端集群，点击预估集群负责对消费者在特定网页、特定广告组合下点击的概率进行估计，而后端数据库内容往往需要整合自有和公用两大数据来源。

在线广告业务取得超额利润的关键在于低延迟和精确点击预估。为了取得低延迟，从业人员往往会采用专有的负载均衡模式，而不是 HTTP 负载均衡模块，以减少网络过程中数据转换带来的延迟。与此同时，为了提高点击预估的精确度，从业人员往往会购买外生数据，以提高用户画像的精确度。这个时候后端数据库往往会以 NoSQL 数据库的形式存在。

2. 智能语音服务器端

现今应用越来越普遍的人工智能语音服务（如 Siri 等），也会用到硬实时并行模式的前端。从每个用户的手机、平板等终端设备上，语音命令在进行初步预处理和压缩之后会传输到服务器端。服务器端会按照语意内容对输入进行反馈，反馈内容包括天气、交通情况，也可能包括电影、网页搜索结果等。其中每个反馈的终端可能也是一个独立的微服务，具有自身的后端数据服务，如图 10-9 所示。

注意这里各个微服务所对应的数据库都不相同。这样的架构由于其微服务之间的独立性，可以方便不同的开发人员在相同的业务领域对不同的微服务进行独立开发。

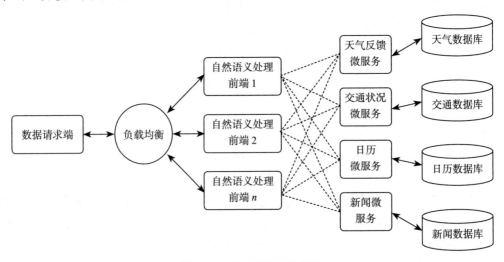

图 10-9 实时语音服务架构

10.7 处理：分布式任务队列模式

10.7.1 问题场景

在实时机器学习应用的若干场景中，我们需要对数据进行多步骤处理，每个步骤由于其具有独特的功能，可能需要与不同的服务所交接，而且生成的数据可能被下游不同的功能模块所应用。

例如，对于实时作弊监测这样的应用场景，我们需要对各个等待判断的事件抽取响应的特征数据，这样的特征数据可能存储于不同的数据库中。比如 IP 地址相关信息存储于 Elasticsearch 集群中，用户历史相关信息存储于 Cassandra 数据库中，最后的模型通过 Scikit-learn 实现。这个时候如果通过单一的程序来实现整个处理流程，那么会很容易产生意大利通心面代码（Spaghetti Code，或者称为难看而且无法维护的代码）。

10.7.2　解决方案

对于上述挑战，分布式任务队列模式往往能够大显身手。分布式队列模式，其代表了下面的设计模式。

将机器学习任务划分成有向无环图（Directed Acyclic Graph，DAG），一个有向无环图上面的每个节点均代表一个处理功能模块，各个功能模块相对独立地以瀑布流一样的方式完成机器学习任务。注意这里用到了"分布式"这样的字眼，但是这并不代表这样的设计模式一定需要分布式集群。分布式在这里代表机器学习任务被划分成为了不同的功能模块，一个处理任务分布在不同的功能模块上进行运算，但是运算仍然可能是在单机上完成的。

分布式任务队列模式的应用场景主要包含以下两个特点。

❏ 多个组件进行复杂分工：采用分布式任务队列的机器学习任务往往具有较为复杂的功能模块，整个数据的处理过程是瀑布流式的有向无环图。

❏ 对延迟有要求，但是并不严格：实战中实现的分布式任务队列往往力求尽量快速地完成数据处理任务，但是由于整个处理过程太过复杂，一般很难保证整个处理流程的耗时。从业人员转而对其中每个处理单元的耗时进行测量，以期从底层出发控制整体质量。

分布式任务队列模式由下面几个部分组成，架构如图 10-10 所示。

❏ 任务源。这是机器学习任务的发出方，分布式任务队列模式中响应模块的工作都由任务源发出的指令所触发。

❏ 处理单元。这是分布式任务队列中的基本计算单元。除了上下游直接在任务流向图中相接的处理单元之外，各个处理单元都相对比较独立，几乎不会相互影响，故而可能在分布式集群上独立运行。

❏ 处理流向图。即整合任务上下游和处理单元的有向无环图，处理流向图把所有组成部分联系在一起。它本身并不直接参与机器学习的计算，只起到主心骨的功能。

值得注意的是，整个分布式任务队列模式处理过程中，不同处理单元的处理速度往往是不同的，这就会造成类似于现实世界中塞车的情况。所以其实在具体架构中，会在每个处理单元上前置一个队列，这也是"分布式任务队列"模式中"队列"二字的来源。

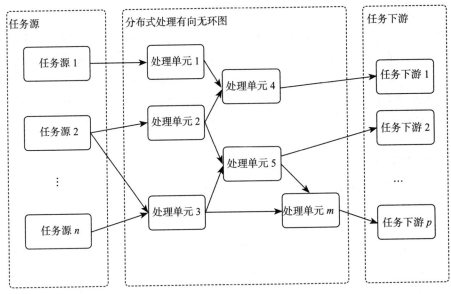

图 10-10　分布式任务队列模式

10.7.3　Storm 作为分布式任务队列

Apache Storm 可以说是最经典、最正统的分布式任务队列解决方案了。由于其集群配置涉及 Zookeeper 等多方面设置，对于入门读者来说比较难以掌握，需要多个章节进行专门介绍，所以本书不过多讲述，建议有需要的读者寻找专著进行阅读和学习。这里只对 Storm 的基本构成进行非常粗略的介绍。

本书前面已经提到过，Apache Storm 是由 LinkedIn 开源并推动的，后来由于其功能完善而在工业界得到了非常广泛的应用。Storm 是一个非常优秀的分布式任务队列计算平台。总的来说，一个 Storm 计算集群的逻辑部分可以分为如下几个部分。

❏ 数据发出节点（Spout）。数据发出节点的任务是和外部进行通信，并产生数据，是整个运行拓扑图结构的开始点。数据发出节点常用的例子包括：和 Twitter 等网络数据相连，实时读取网络舆情信息；它和 RabbitMQ、Kafka 等任务队列相连，以读取任务队列中的数据。

❏ 数据处理节点（Bolt）。该节点负责数据的加工和任务的处理。数据处理节点的上游可能是数据发出节点，也可能是其他数据处理节点。它进行的工作可能是对流式数据进行加工、加总或分拆、存储等。

❏ 运行拓扑图（Topology）。该图会综合整个流式处理工作中的所有成员，定义其相关关系的部分。运行拓扑图的结构是一个有向无环图，图的发出节点都是数据的发出节点（Spout），图的非发出节点都是数据处理节点（Bolt），图中每个节点都由有向边相连，代表数据的流向。

图 10-11 代表了一个示例的 Storm 运行环境。

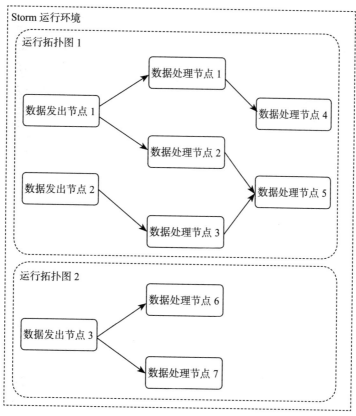

图 10-11　Storm 运行环境示例图

该环境可以分为下面几个部分来解读。

❑ 一个 Storm 集群往往对应于一个逻辑上的 Storm 运行环境，而每个运行环境中都可以包含多个运行拓扑图。该示例运行环境中包含了两个。

❑ 每个运行拓扑图中都具有数据发出节点（Spout）和数据处理节点（Bolt），拓扑图的结构可以各式各样，但是归根结底必须是有向无环图。

10.7.4　适用场景

分布式任务队列模式特别适合于具有如下特色的应用场景：首先，任务需要被实时处理，但是对延迟要求并不严格；其次，可能需要和多个外部数据库、微服务进行交互。下面是一个例子。

在线票务系统

经常在网上订机票的读者可能会注意到，在 Expedia 等网站上支付机票费用之后，往往会有一段时间，该订单的状态显示为"正在处理"，一两分钟之后才会变为"已经确认"。

这一两分钟之内发生了什么呢?

这段时间中票务网站其实要在后台进行多项操作:通过航空公司的接口验证是否有空余座位,通过信用卡公司提供的接口实现预付款,通过航空公司的接口完成预订等,在此之间可能还需要利用机器学习模型对订单进行真伪预判,增值服务推荐等工作。

上述工作往往需要多个微服务协同作业才能完成,其中信用卡、航空公司交互等工作由于其外生性,在服务可靠度、延迟等方面不可能严格要求。这个时候分布式任务队列模式就得到了广泛的应用。

10.7.5　结构的演进

笔者在工业界经过多年的摸爬滚打和观察,惊奇地发现,从业人员在构建架构初期往往不会意识到采用分布式任务队列的重要性。

例如,在一个在线票务系统设计之初,往往只有简单的处理程序,并配以消息队列进行缓冲。在发展中期,系统架构往往会编程多个微服务和分布式队列的杂糅。只有到了发展后期开发人员,才会意识到需要采用分布式任务队列,对任务流进行统一管理。这个时候由于业务的复杂化,对整体架构进行重构往往具有很大的难度,迁移工作也会变得非常困难。

我们建议大家在设计架构之初就尝试想象一下未来服务架构的可能结构,如果有一天,业务需求会变成多个有向无环图的杂糅,那么在系统架设之初就最好直接采用分布式任务队列进行架构。

10.8　处理:批实时处理模式

10.8.1　问题场景

在金融、自然科学等领域的不少应用场景中,机器学习模型所需要进行使用或预测的数据大多是基于时间序列汇总数据的。例如,对于数量金融等场景,从业人员往往需要对一定时间窗口中出现的成交量进行加总;对于气象预测等场景,单位时间窗口中的降雨量是进行预测的重要指标;对于社交舆情分析,从业人员需要对一定时间窗口中的关键词进行汇总分析。

10.8.2　解决方案

为了解决这样的需求,批实时处理模式就诞生了。在批实时处理模式的架构中,往往会存在一个分布式存储机制,对一定时间窗口的数据进行保留和加工,并用于机器学习处理。

前面介绍过的硬实时并行模式和分布式任务队列模式对具体算法并没有特定的要求,进行计算的服务器状态基本上也不会随计算结果而改变。批实时处理模式对于算法和状态的要求却要强得多，特别是在批实时处理结果的输出会被作为其他机器学习模型输入的情况时。这种情况往往对算法的鲁棒性有特别强烈的要求。

前面的章节（第 1 章）中已经提过，鲁棒性是指算法在遇到极端值的情况下，产生的结果、判断不会特别离谱。在时间序列数据的处理过程中，难免会出现观测误差、数据黑天鹅极端值，或者操作人员乌龙指等情况。在观测窗口中极端值的出现可能会影响计算的结果，具有优良鲁棒性的机器学习方法可以减少极端观测数值的影响。

常见的批实时处理模式架构可以用图 10-12 来表示。在服务器上批实时处理模式需要对数据进行有状态性保存，在分布式系统中往往就需要对当前存储的数据进行备份和状态监控，常用的批实时处理工具，如 Storm 的 Trident 工具包，以及 Spark Streaming 工具包，采用了 Zookeeper 机制作为分布式同步的关键环节。

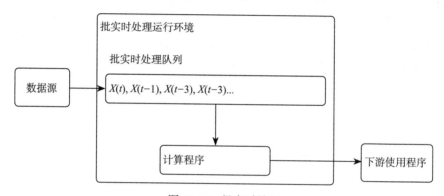

图 10-12　批实时处理

常用的时间窗口有如下两种。

❏ 滑动窗口（Sliding Window）：滑动窗口所包含的数据可随着时间和新数据的到来连续滑动，一个数据可能在多个相邻的滑动窗口中出现。

❏ 分段窗口（Tumbling Window）：分段窗口可对时间按照固定的宽度进行分段，不同的窗口所包含的数据互不交叉。

以上两个窗口类型基本上能够涵盖大多数应用场景。

10.8.3　适用场景

批实时处理模式往往应用于上下文数据非常重要的时刻，下面就来给出一些例子。

1. 社交舆情分析

电商、游戏等多种行业往往需要对社交舆情进行连续监控和分析。微信、微博、推特等社交舆情数据往往是舆情分析的重要数据来源。社交舆情分析的方法一般包含以下两种。

❏ 网络分析。按照社交网络结构、信息传播的途径进行加总和最根溯源，按照信息发生的源头总结出当前的热点。这样的方法往往适用于微博等场景，适合对单个发生点（如大 V）推动的内容进行研究。

❑ 语义分析。利用机器学习的方法对单个舆情片段进行语义分析个体识别，并按照时间序列和空间分布进行加总。这样的方法往往适用于单个个体可能独立发出的事件，例如影评等场景。

实际应用中，语义分析的应用方面往往会使用到批实时处理模式，对舆情进行连续监控。

2. 金融数据分析

实时股票交易场景中，从业人员已经根据多年的经验总结出了 MACD 等时间序列动量指标，这些指标需要对一定时间窗口内的数据进行批量处理。笔者也曾经利用深度学习神经网络对高频金融数据进行研究，发现经过长时间训练卷积层（Convolution Layer）的权重形态竟然极其类似于滑动平均指标。这些时间序列统计量都成为了重要的机器学习预测信号。为此，批实时处理模式也成为了实时金融数据预测场景中非常关键的架构形态。

第3部分 *Part 3*

未来展望

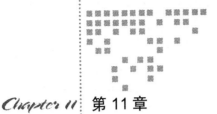

Serverless 架构

11.1 Serverless 架构的前世今生

看到这个章节的时候，大家大概都意识到了架构在机器学习应用中的重要性。提到架构，不得不提一下最近两年出现的 Serverless 概念，它是一个非常新颖的方向，笔者认为 Serverless 架构在未来机器学习应用中拥有巨大的潜力，但是从目前的发展进度来看，趋势还不是特别明朗，所以在此想向读者进行简单的介绍。

本书主要介绍的架构设计仍然是按照 Lambda 架构的形态进行设计的，如前面章节（第 5 章）中的介绍，Lambda 架构包含实时层、流处理层及批处理层。每个层面都涉及了服务器集群的配置和部署。对于不同的访问频率，我们需要对服务器集群的大小进行调整，以达到最有效的资源使用率和稳定性。特别是对于实时响应层，为了对众多请求进行实时响应，其耗费的工程资源也特别多。

从某种意义上来说，这样的运维工作是对开发人员精力的浪费。那么有没有一种办法，可以让开发人员专注于对核心代码的开发，而不用担心服务器集群的容量等问题呢？亚马逊云计算的架构师们给出了响亮的回答：当然有，只需要扔掉服务器管理层即可。

2015 年 10 月，亚马逊云计算提出了 Serverless 服务的概念，并推出了 AWS Lambda 服务，开发人员只需要按照面向函数编程的方法编写具有无状态性的函数即可。而 AWS Lambda 服务会自动进行服务器的部署、容量匹配等工作，从而完全解放了运维人员。注意在计算机编程中，Lambda（希腊字母 Λ）代表无状态函数的意思。操作的无状态性是 Lambda 架构的核心思想，也是亚马逊 AWS Lambda 的核心思想，只是 AWS Lambda 更为激进，直接扔掉了服务器的概念。

到 2016 年本书写作之时，AWS Lambda 服务已经支持 Python、Node.Js、Java 等主流编程语言。与此同时，AWS 的竞争对手们也开发出了对应的产品，例如谷歌云服务已经开发出了 Google Cloud Functions 服务，微软的云服务也推出了 Azure Functions 服务。开源社区也在 Serverless 方面投入了不少努力，例如 Iron Functions 就是由初创公司 iron.io 开源的一款 Serverless 开源框架，Iron Functions 的底层是调用 Docker 来执行对应的函数。

不同 Serverless 平台的具体实现方式会有所区别，但是总的说来，一个运行中的 Serverless 的架构可以由图 11-1 来表示。

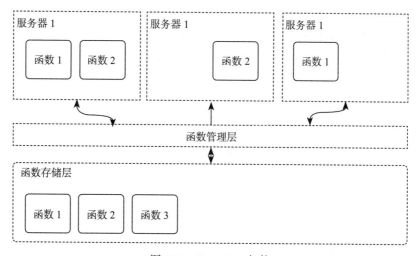

图 11-1　Serverless 架构

该架构从下到上，可以分为以下三个部分来理解。

❑ 函数存储层：函数存储层负责函数的基本存储和备份。在一些函数不被使用的时候，它还可能负责存储一些函数的运行环境。

❑ 函数管理层：函数管理层负责整个服务的负载均衡管理。在一些函数被调用的时候，函数管理层会将这些函数分配到更多的服务器资源上；而在一些函数被调用较少时，函数管理层会减少对应的服务器资源；当长时间没有调用一个函数的时候（如图 11-1 中的函数 3），函数管理层可能会将函数的运行环境打包存储到函数存储层，以节约资源。

❑ 函数运行层：函数运行层由独立的服务器构成。每个服务器均按照函数管理层的指令来运行不同的函数，常用的函数（如图 11-1 中的函数 1 和函数 2）可能会存在于多台服务器上。

11.2　Serverless 架构对实时机器学习的影响

Serverless 架构的出现对机器学习无疑具有重大的促进作用。我们认为突破口主要在于降低机器学习应用门槛、减少运维成本及加快迭代速度三个方面。

以 RabbitMQ 章节（第 7 章）实时架构股价预测的应用为例，我们已写过不少代码，为了衔接机器学习模型和 RabbitMQ 队列。采用了 Serverless 架构之后，机器学习开发人员不再需要对这些代码进行维护，只需要专心写好进行预测的函数即可。

由于开发和部署机器学习模型的成本可以大大降低，因此我们认为这势必会加快机器学习应用的迭代速度。在理论方面，由于大量机器学习模型可以以很低的成本运用到实际中来，因此必须对所有模型的质量有更严格的把关。实时监控、警报和优化的需求会越来越具体化。

最后，由于 Scikit-learn 等工具将会大大降低机器学习应用的门槛，其与 Serverless 架构结合之后，我们可以预计将会有更多的开发人员能够从事机器学习工作，机器学习从业人员象牙塔一样的地位可能会受到挑战。

第 12 章　*Chapter 12*

深度学习的风口

　　2016 年，深度学习成为了机器学习界炙手可热的课题。相信大家都已经听说过有关阿尔法狗对弈围棋、深度神经网络模仿梵高绘画等新闻。笔者在写作此书的时候也对深度学习的相关理论和应用进行了跟进。

　　现在深度学习正处于迅猛的发展过程之中，使用的工具、平台也在飞速演进，很有可能当本书付梓的时候，深度学习的生态已经发生了大大的改变。因此本书的第一版决定让"子弹"飞一会儿，待深度学习应用大局已定的时候再进行详细的介绍。本章将对深度学习的未来发展趋势进行一些展望，希望对大家能有帮助。

　　本书的作者之一彭河森于 2016 年 11 月 25 日在雷锋网硬创公开课上面对深度学习的框架选择进行了分享[⊖]，课后有幸得到不少领域内高人的指点，对公开课的内容进行了更正，最后的内容总结将展现在这里，在此要对高斌、孙宝臣、汤宇清三位专家表示感谢。

12.1　深度学习的前世今生

　　想要介绍深度学习，不能不先介绍一下深度学习的爸爸——人工神经网络（Artificial Neural Network，ANN）。人工神经网络是一种仿生的机器学习方法，旨在利用类似于生物神经节和神经网络的算法结构，来完成对现实世界的理解。

　　例如我们可能需要基于生活习惯、身高、体重等因素来预测一个人是否患有糖尿病，利用神经网络的思想，可以创建一个神经节结构来进行预测。如图 12-1a 所示（12-1a 是仅

　　⊖　"AI 从业者该如何选择深度学习开源框架"，详见 http://www.leiphone.com/news/201611/ KTwbq22oseK6B6iJ. html。

含一个神经单元的神经网络），先建立一个线性模型，让每个因子都以 Wi 的权重贡献一部分信息，然后我们对所有信息进行加总，并且进行患病概率的预测。当 f 为逻辑函数的时候，就等价于逻辑回归，这也是人工神经网络中最简单的形式，图 12-1a 所示的参数网络结构正好类似于单个生物神经节。

与此同时，糖尿病的患病风险和生活习惯、身高、体重等因子往往可能具有非线性的关系，所以这个时候可能需要引入多层神经网络来刻画这样的关系。在图 12-1b（图 12-1b 是含有多层网络结构的神经网络）中，建立了两层神经网络结构，有两个隐藏的神经网络节点。可以看到，此时网络的复杂程度增加了，同时也能更真实地刻画数据之间的关系。

人工神经网络的理论早在 1947 年计算机发展之初就已经提出，但是受到计算能力的限制，具体的效果直到 2005 年以后才显现出来。最初人们设计的神经网络往往也受限于计算能力，不会太过复杂。直到 2005 年以后，GPU、并行计算在工业应用中大幅普及，才使得深度神经网络的应用成为可能。

所谓深度神经网络，即层数比较多的人工神经网络，由于其在训练和应用过程中需要耗费大量的计算资源，所以机器学习从业人员为其另辟了这个专属的名字。另一方面，得益于现今强大的计算能力，深度神经网络中神经节的模型也层出不穷。图 12-1a 中看到的神经节仅仅是对各个权重简单的加总。在深度学习大力发展了之后，已经出现了如 LSTM、CNN 等多种复杂神经节点。

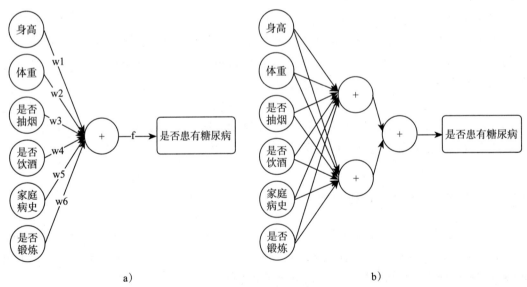

a)   b)

图 12-1　对于糖尿病风险的预测

在 2005 年以前，神经网络的主要任务是进行预测和分类。本书写作之时，神经网络的能力已经远远超出了这样的范围，可以进行文字生成、翻译、行人识别、下围棋、画油画等多种复杂的任务。

12.2　深度学习的难点

尽管深度学习在诸多重要领域都取得了非常瞩目的成果，但是目前利用深度学习仍然存在诸多难点。归纳起来，笔者认为有以下几点。

（1）解释性工具缺失

现今深度学习的各种模型，往往都需要通过多层神经网络，使用方法类似于一个黑匣子，这给模型的解释和排错带来了巨大的挑战。我们在进行机器学习应用的场景中，取得优秀的精确度往往只是众多任务中的一个，应用中另外一个重要的任务是分析预测失败的结果，从中吸取教训对模型进行排错，并进行优化提高。

由于深度学习的模型太过复杂，我们已经无法通过人工的方式得知为什么对一些特定模型的预测会出现失误。这样的问题让我们在实际使用中往往感到束手无策，这就好比深度学习在靶场上能够取得优秀的成绩，但是不能上战场。

为什么深度学习从业人员没有开发相应的评判、解释工具？这就要从从业人员面对的囚徒困境说起。对于统计中经典的决策树、线性模型等方法，往往需要专业人员数十年的学术努力，才能得到比较完备的预测、评判、排错体系，这个研究过程往往非常清苦，得到的注意力也较少。而深度学习现今的野蛮发展，不少领域内领军人物都开始进入工业界捞名捞利，几乎没有人会选择在更难走的道路去进行工具开发。长期来看，这样的现象可能会限制深度学习的发展。

（2）应用场景限制

深度学习现今最为火热的领域在图像、计算机语言等领域。这些领域往往具有大量的数据，而且变量维度非常高，观测之间、变量之间往往具有强相关性。而对于其他数据量较小、数据维度较低的领域，深度学习取得的成绩就不是那么显著了。

出现这种情况的原因当然也是显而易见的：当数据量较小的时候，稀疏的数据量不足以支撑其复杂神经网络的训练，此时经典统计和机器学习模型可能已经能取得了优异的成绩，而且不会过度拟合。当维度较低的时候，从业人员往往可以进行人工单变量观察，进行各种变量组合，以得到优秀的预测结果，从而不需要依赖于深度学习模型。

（3）模型训练成本限制

现如今深度学习的投入仍然非常高昂。为了有效地训练模型，从业人员往往需要依赖于 GPU 集群等最新硬件。而微软等公司更是采用了 FPGA 等硬件对深度神经网络的计算进行加速，这样带来的成本是一般从业人员难以承受的，这也对从业人员的培养造成了壁垒。与此同时，如果深度学习硬件需要在实时机器学习领域得到应用，往往需要部署大规模 GPU 集群，这样的成本收益比例是否合理当然也值得商榷。

12.3　如何选择深度学习工具

在本书编撰之时，笔者对 2016 年流行的几款深度学习平台进行了研究，涉及的平台

（或者软件）包括 Caffe、Torch、MXNet、CNTK、Theano、TensorFlow 和 Keras 等。总结起来，可以利用下面的方法，选择深度学习平台。

12.3.1 与现有编程平台、技能整合的难易程度

无论是学术研究还是工程开发，在上马深度学习课题之前大家一般都已经积累了不少开发经验和资源。可能你已经确立了最喜欢的编程语言，或者用户的数据已经以一定的形式存储完毕，或者对模型的要求（如延迟等）也不一样。此时，选择平台考量的是深度学习平台与现有资源整合的难易程度。另外，我们做深度学习研究最后总离不开各种数据处理、可视化、统计推断等软件包。在选择深度学习平台的时候，我们需要考虑如下的问题。

❏ 是否需要专门为此学习一种新语言？

❏ 是否能与当前已有的编程语言相结合？

❏ 建模之前，是否具有方便的数据预处理工具？当然大多数平台都自带了图像、文本等预处理工具。

❏ 建模之后，是否具有方便的工具进行结果分析，例如可视化、统计推断、数据分析等？

在选择深度学习平台时，肯定要看看它所使用的编程语言。表 12-1 针对深度学习平台所用的语言进行了总结，该表按照每个平台的主要底层语言和操作语言进行分类。其中底层语言代表该平台进行自身底层开发所用的语言，而操作语言代表使用该平台所需要用到的语言。

表 12-1 深度学习所用语言总结

平台名称	主要底层语言	主要操作语言
Caffe	C++	C++、Python、MatLab
Torch	C、Lua	C、C++、Lua
MXNet	C++、Python	C++、Python、Julia、Scala
CNTK	C++	C++、Python
Theano	Python、C	Python
TensorFlow	Python、C++	C++、Python
Keras	Python	Python

从表 12-1 中可以看到这样的趋势。

❏ 深度学习底层语言多是 C++ / C 这样可以达到高运行效率的语言。由于 GPU 开发环境的要求，底层语言往往需要是 C/C++。

❏ 操作语言往往会切近实际，我们大致可以断定 Python 是未来深度学习的操作平台语言，就连微软也在 CNTK 2.0 版本中加入了对 Python 的支持。

完成深度学习建模等任务之后，与生态的整合也变得尤为重要。最后，我们可以发现，在数据分析方面，Python 和 R 已经具备了非常完备的工具箱，因此需要深度学习平台

与 Python、R 整合得较为紧密，这里 Keras 生态（TensorFlow、Theano）、CNTK、MXNet、Caffe 等占有大量优势。同时 Caffe 具有大量图像处理包，可能是图像处理领域的不二选择。

12.3.2 此平台除做深度学习之外，还能做什么

上面提到的不少平台都是专门为深度学习研究和应用而开发的，不少平台对分布式计算、GPU 等架构都有强大的优化能力，那能否用这些平台 / 软件做其他事情呢？答案是可以的，比如有些深度学习软件可以用来求解二次型优化；有些深度学习平台可以很容易得到扩展，被运用在强化学习的应用中。

可能有人要问：那哪些平台具备这样的特点呢？

其实深度学习平台在创造和设计时的侧重点是有所不同的，按照功能的不同可以将深度学习平台分为七个功能模块。

- ❑ CPU+GPU 控制，通信：这个最低的层次是深度学习计算的基本层面。这一层面的功能往往涉及利用 C 语言对 GPU/CPU 等底层功能进行管理，大多数深度学习平台都试图自动化该部分的操作，让用户不用担心本层操作。
- ❑ 内存、变量管理层：这一层包含对于具体单个中间变量的定义，如定义向量、矩阵，进行内存空间分配等。
- ❑ 基本运算层：这一层主要包含加减乘除、正弦函数、余弦函数，最大最小值等基本算数运算操作。
- ❑ 基本简单函数：包含各种激发函数（activation function），例如 Sigmoid、ReLU 等。
- ❑ 求导模块：这里可能包括自动求导和符号求导两个方面。求导模块可将机器学习从业人员从繁琐的求导工作中解救出来。
- ❑ 神经网络基本模块：包括 Dense Layer、卷积层（Convolution Layer）、LSTM 等常用模块。
- ❑ 最后一层是对所有神经网络模块的整合及优化求解。

众多机器学习平台在功能侧重上是不一样的，这里将它们分成了四大类，具体如下。

1）底层运算平台：这一类以 Theano 为代表。Theano 是深度学习界最早的平台软件，专注于底层基本的运算，其包含的功能群包括底层 CPU/GPU 运算、内存变量管理、基本运算和自动求导。

2）抽象化运算平台：这一类以 Keras 为代表。Keras 本身并不具有底层运算协调的能力，Keras 依托于 TensorFlow 或 Theano 进行底层运算，而 Keras 自身可提供神经网络模块抽象化和训练中的流程优化。这使得用户在享受快速建模的同时，具有很方便的二次开发能力，可以加入自身喜欢的模块。

3）全栈功能平台：这一类以 TensorFlow 为代表。TensorFlow、MXNet 等平台吸取了已有平台的长处，既能让用户触碰底层数据，又具有现成的神经网络模块，可以让用户非常快速地实现建模。TensorFlow 是非常优秀的跨界平台。

4）深度学习功能性平台：这一类以 Torch 为代表，这类平台提供了非常完备的基本模块，可以让开发人员快速创建深度神经网络模型并且开始训练，还可以解决现今深度学习中的大多数问题。但是这些模块很少将底层运算功能直接暴露给用户。

根据上面的总结，读者可以按照自己的需求进行选择。

❑ 如果任务目标非常确定，只需要短平快出结果，那么上述的第 2、3、4 类平台将会比较合适。

❑ 如果需要进行一些底层开发，又不想失去现有模块的方便，那么第 3 类平台会比较合适。

❑ 如果你有统计、计算数学等背景，想利用已有工具进行一些计算性开发，那么第 1 类和第 3 类会比较合适。

12.3.3 深度学习平台的成熟程度

成熟程度是一个比较主观的考量因素，笔者考量的因素主要包括如下几个方面。

❑ 社区的活跃程度。

❑ 是否能容易地与开发人员进行交流。

❑ 当前应用的势头。

不过，对于成熟程度的评判往往都会比较主观，结论大多具有争议。这里也只列出数据，具体如何选择，大家自己判断。

下面通过 Github 上几个比较受欢迎的数量来判断平台的活跃程度。这些数据获取于 2016 年 11 月 25 日。其中，加粗字体标出了每个因子排名前三的平台，如表 12-2 所示。

表 12-2　深度学习平台在 Github 上贡献者数量和 Pull Request 数量比较

平台名称	贡献者数量	Pull Request 数量
Caffe	218	276
Torch	108	10
Keras	296	68
TensorFlow	514	39
Theano	269	117
MXNet	205	38
CNTK	95	7

第一个因子是贡献者数量，这里贡献者的定义非常宽泛，在 Github issues 里面提过问题的都算作贡献者（Contributor），但是还是能作为一个平台受欢迎程度的度量。我们可以看到，TensorFlow、Keras、Theano 三个以 Python 为原生平台的深度学习平台是贡献者最多的平台。

第二个因子是 Pull Request 的数量，Pull Request 衡量的是一个平台的开发活跃程度。我们可以看到，Caffe 的 Pull Request 最高，这可能得益于它在图像领域得大独厚的优势，另外 Keras 和 Theano 也再次登榜。

当然，对于平台的选择，我们不能忽略了各个平台在开发者文化上的倾向。

自然语言处理，当然要首推 CNTK，微软 MSR（A）多年以来对自然语言处理的贡献非常巨大，CNTK 的不少开发者也是分布式计算牛人，其中所运用的方法都非常独到。

对于计算机图像处理，Caffe 可能是你的不二选择。

当然，对于非常广义的应用、学习，Keras、TensorFlow、Theano 生态可能是您最好的选择。

12.4 未来发展方向

有观点认为深度学习模型是战略资产，应该用国产软件，以防止垄断。我认为不用担心这样的问题，首先 TensorFlow 等软件是开源的，可以通过代码审查的方法进行质量把关。另外训练的模型可以保存成为 HDF5 格式，跨平台分享，所以出现谷歌垄断的概率非常小。

我们认为，很有可能在未来的某一天，机器学习从业人员将训练出一些非常厉害的卷积层（convolution layer），它们基本上能够非常优秀地解决所有计算机图像相关问题，这时候只需要调用这些卷积层即可，而不需要大规模的卷积层训练。另外这些卷积层可能会硬件化，成为我们手机芯片的一个小模块，这样在我们的照片拍好之时，就已经完成了卷积操作。

推荐阅读

机器学习与R语言实战

作者: 丘祐玮 (Yu-Wei Chiu) 译者: 潘怡 等
ISBN: 978-7-111-53595-9 定价: 69.00元

机器学习与R语言

作者: Brett Lantz 译者: 李洪成 等
ISBN: 978-7-111-49157-6 定价: 69.00元

机器学习导论（原书第3版）

作者: 埃塞姆·阿培丁 译者: 范明
ISBN: 978-7-111-52194-5 定价: 79.00元

机器学习：实用案例解析

作者: Drew Conway 等 译者: 陈开江 等
ISBN: 978-7-111-41731-6 定价: 69.00元